快適に
安全に
暮らす

気象学

池上彰 責任編集
斉田季実治

KADOKAWA

最近の天気予報は
昔に比べて
当たることが多くなった

M

災害の多い日本。
気象を知れば
防げることがあるのか…

METEOROLOGY

天気予報と
気象情報って
何が違うのだろうか?

気象学とは？

日々、天気予報が出されるのは
日本が平和だからとも言えます。
各地での「気象」に関する言い伝えは
災害を予知するものもあって大事。
それを調べるきっかけとし、
知識を広げていくのもいいでしょう。

池上 彰

ジャーナリスト　AKIRA IKEGAMI

天気予報の当たる確率は上がっています。
だから知っておくと
日々の暮らしを快適にすることができます。
気象データを基に災害を防ぐための報道へと変化も。
自分の身を守るためにも
「気象」を知ってもらえたらと思います。

斉田季実治

気象予報士　KIMIHARU SAITA

NHK時代に、**災害担当キャップ**を務めていたことがあります

――池上

編集会議で…

NHKで記者をしていた池上さん、現在NHKで気象キャスターをしている斉田さん。しかも池上さんは少年時代に天気図を書いていたという！ 共通項の多いおふたりによる編集会議は「気象」の変遷や裏話などがたくさん出ました。

被害を最小限に抑える減災報道にシフトしていますね

――斉田

前日の夕方の気象情報を見れば、翌日の**いつ行動すると快適に暮らせるか**がわかるように

「測候所」は**当たらない**、から**たまに当たる、当たる**、に変化しましたね

計画運休、線状降水帯…
新しい言葉が
たくさん出てくるように

今も台風に名前がついている。
上陸してから台風の数値が出る。
気象は裏を知ると面白い

空には**国境がない**

宇宙天気は体感で
わからないからこそ
知っておくべき。
自分の身を守ること
になるから

気象が**トップニュース**に
なる日も多くなりました

私も**防災アプリ**を
いくつか入れています

伝えたい3つのこと

日々の気象

天気予報を見ることは
未来に目を向けることでもあります。
日々の生活を整え、快適に過ごすためには
天気や気温に合わせた行動が必要で、
そのためのさまざまな情報が提供されています。
利用しないのはもったいないですね。

防災のこと

DATA

知ると空の現象に出会える

太陽の周りに出る光の輪を、ハロと言います。虹のようですが、天気は下り坂のサイン。天気に詳しくなると、美しい空の現象に出会うこともできます。

斉田さんが今だからこそ

地球温暖化の影響で災害のリスクは高まっています。
しかし、対応するように気象情報は進化し、
社会システムも変化しています。
災害時に起こるであろうことを事前に考えて
情報を活かすことが大事。私たち一人ひとりの行動が
自分や大切な人の命を守ることにつながります。

宇宙天気

文明が進化することで新たな災害のリスクも生まれています。
高精度衛星測位システム（GNSS）など人工衛星を利用した
サービスが生活に浸透し、宇宙天気の影響が出るように。
大規模な太陽フレアが発生すると
携帯電話のサービス停止や広域停電が発生するおそれもあり、
被害を最小限にするための取り組みが各所で始まっています。

DATA

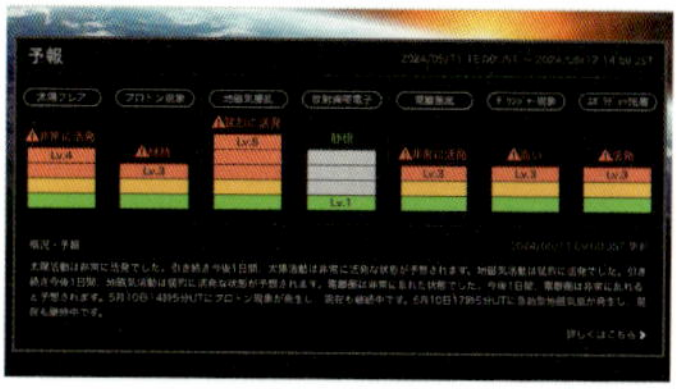

（出典：情報通信研究機構（NICT）「宇宙天気予報」）

宇宙天気の影響を知る

宇宙天気予報では、太陽フレアをはじめとする現象の規模が予想されています。社会への影響を知り、事前に備えることが大切です。

DATA

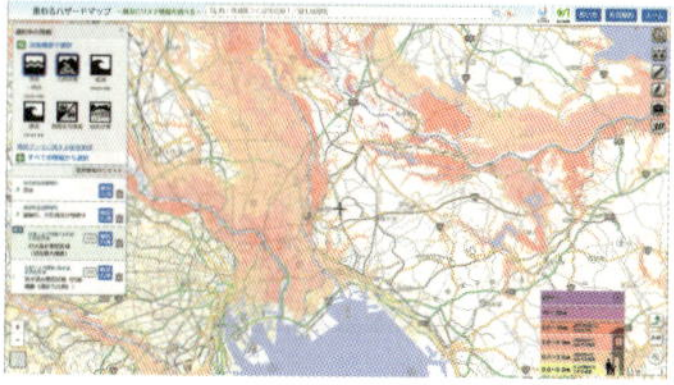

（「ハザードマップポータルサイト」をもとに作成）

命を守る情報を得ておく

洪水や津波などさまざまな災害リスク情報を1つの地図上で重ねて見ることができる「重ねるハザードマップ」などを上手に活用して。

CONTENTS

CHAPTER 2 どうして学ぶといいのか？ 気象学の必要性とは

CHAPTER 3

もはや異常ではない!? 気象の異常を知る

SPECIAL COLUMN

斉田さんだから語れる気象の裏話

CONTENTS

CHAPTER

4 起こってからでは遅いから、気象災害から身を守る

127

CHAPTER

5 気象情報の広がりから予報で変わる未来

STAFF

アートディレクション　俵 拓也
デザイン　俵社
撮影　西村彩子
ヘアメイク　久保りえ
イラスト　きたざわけんじ（カバー）
林田秀一（似顔絵）
つまようじ（中面）
DTP・図版　エストール
校正　鷗来堂
編集協力　山本信幸
編集　藤原民江

※本書の情報は基本、2024年10月時点のものです。

CHAPTER 1

気象情報を知ることで、生活が快適になる

私たちが春夏秋冬を強く感じるのは
四季折々の天気に特徴があるからかもしれません。
その天気図や予報から選ぶ情報しだいで、
毎日の暮らしを快適にすることができるのです。

— METEOROLOGY —

天気予報は生もの できるだけ最新の予測を見るのが正解

天気予報を伝える番組は、ＮＨＫ総合テレビだけで1日にどのくらい放送されているか知っていますか？　ＮＨＫでは「気象情報」と呼ぶのですが、**私が担当しているＮＨＫ総合の「ニュースウオッチ９」を含めて約20本、24時間のうち約1時間ほどになります**。

その**「気象情報」の基となるのが、気象庁が観測するデータやさまざまな予測の情報**です。皆さんが最もなじみのある**「天気予報」（正式には「府県天気予報」）は、毎日5時、11時、17時の3回**。発表内容は、今日・明日・明後日の天気、風、波、明日までの降水確率と最高・最低気温の予想です。もちろん、天気が急変したときには必要に応じて修正して発表されます。

5時発表と11時発表の「今日」、17時発表の「今夜」の予報期間は、「発表時刻から24時まで」の予報です。5時発表ならその日の24時までの予報期間だということ。「あす（明日）」の予報は、「明日の0時から24時まで」の予報、「あさって（明後日）」の予報は、「明後日の0時から24時まで」です。

「天気予報は生もの」と言ったりしますが、**できるだけ最新の鮮度のよい天気予報を見ること**が大事。**予報の精度は、先になればなるほど低くなってしまう**ためです。もし、夜のイベントに出かけたり、夜に約束があったりして天気が気になるときは、17時発表の天気予報を見ておくことをおすすめします。

また、現在はスマートフォンが普及していますので、**気象庁のウェブサイトで「雨雲の動き」**を外出先でも簡単に確認することができます。この「雨雲の動き」は3時間前から現在までの5分ごとの降水量の分布と、1時間先までの5分ごとの降水量の予測を見ることができます。

ひと昔前は「雨が降り出したので慌てて傘を買ったのに、雨が止んでしまった」なんてこともよくあったと思います。けれど、今は**「雨雲の動き」をチェックすれば、「すぐに雨は止むので、少し雨宿りしておこう」という判断もできる**ようになっています。

発表時刻別の予報期間

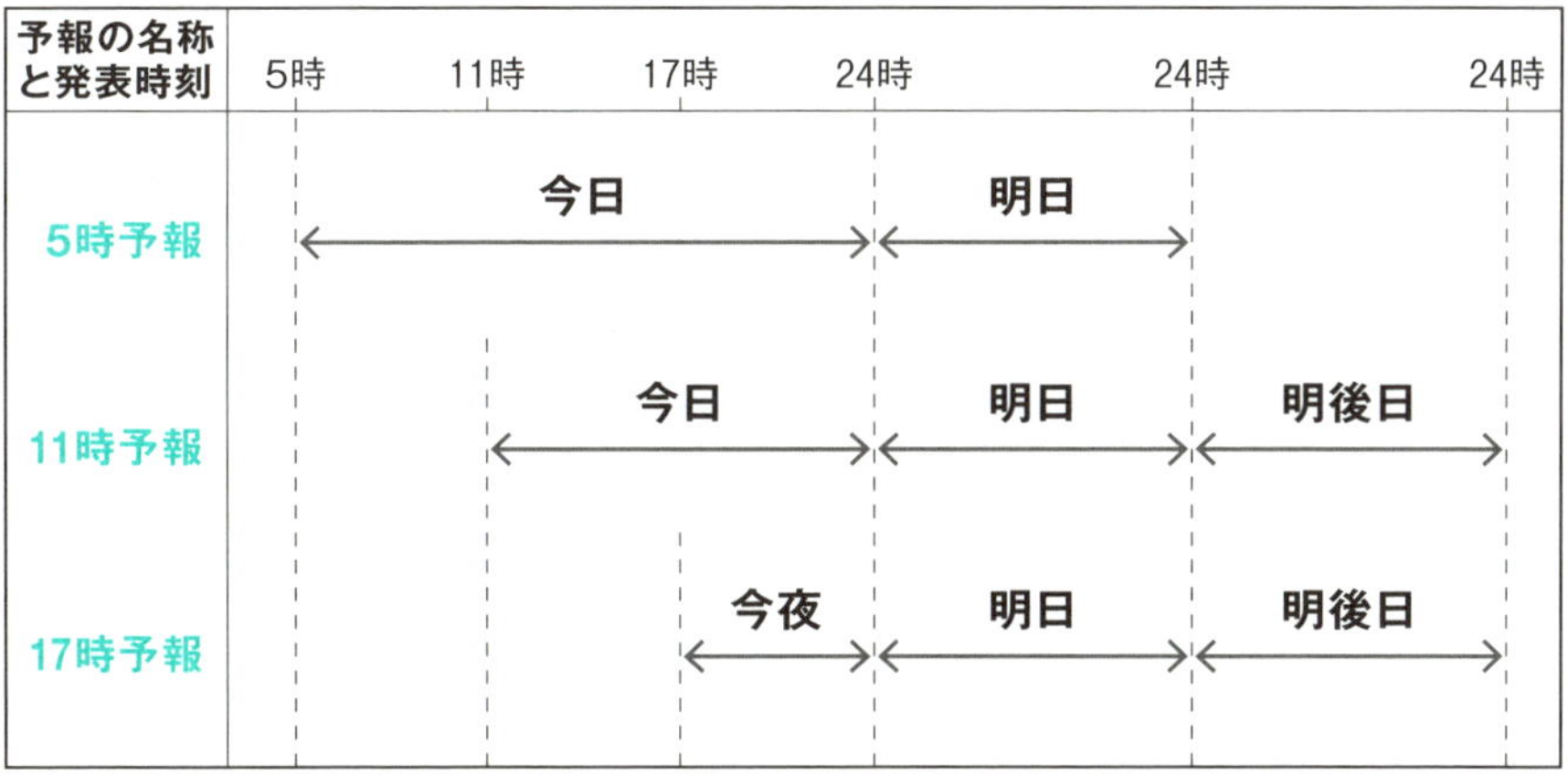

（気象庁「予報期間」をもとに作成）

5時予報の「今日」は5時から24時まで。
11時予報の「今日」は11時から24時までというように、
発表時刻からその日の24時までが「今日の」予報期間となる

買い物は何時がベストか？明日の24時までの予報を活用する

日々の天気予報を見るときは「雨が降る予報なので、傘を持っていこう」「最低気温が低いので、厚手の上着を用意しよう」といった利用の仕方が多いと思います。

「東京地方はくもり昼過ぎから晴れ。北の風やや強く…」というおなじみの文章で表現したものは、現在も天気予報の基本ですし、177天気予報電話サービスで聞くことができます。

一方、**現在の天気予報は、利用しやすいように見せ方を工夫したものがたくさんあって、気象庁のウェブサイトで誰でも見られるものが多くなっています。**

「地域時系列予報」は、東京地方など地域別の3時間ごとの天気、風向風速、気温を時間経過に沿って天気マークやグラフで表示しているため、自分の1日の行動に活かしやすいと思います。例えば、熱中症を防ぐために暑くなる時間の外出を避けたり、朝より夜のほうが気温が下がるときは羽織るものを用意したりするなどの使い方です。毎日5時、11時、17時に、明日の24時までの予報が発表されています。

同じく**明日の24時までの予報に「天気分布予報」があります。**これは場所ごとの細かい天気や気温の違いを知ることができます。日本全国を一辺5kmのメッシュ（正方形のマス目）に分けて、そのメッシュごとの3時間の天気、気温、降水量、降雪量の分布と最高気温・最低気温

Saita's memo

177天気予報電話サービス 2025年3月31日で終了。気象情報の確認手段の多様化や固定電話の利用減少のため。

気象庁の天気分布予報

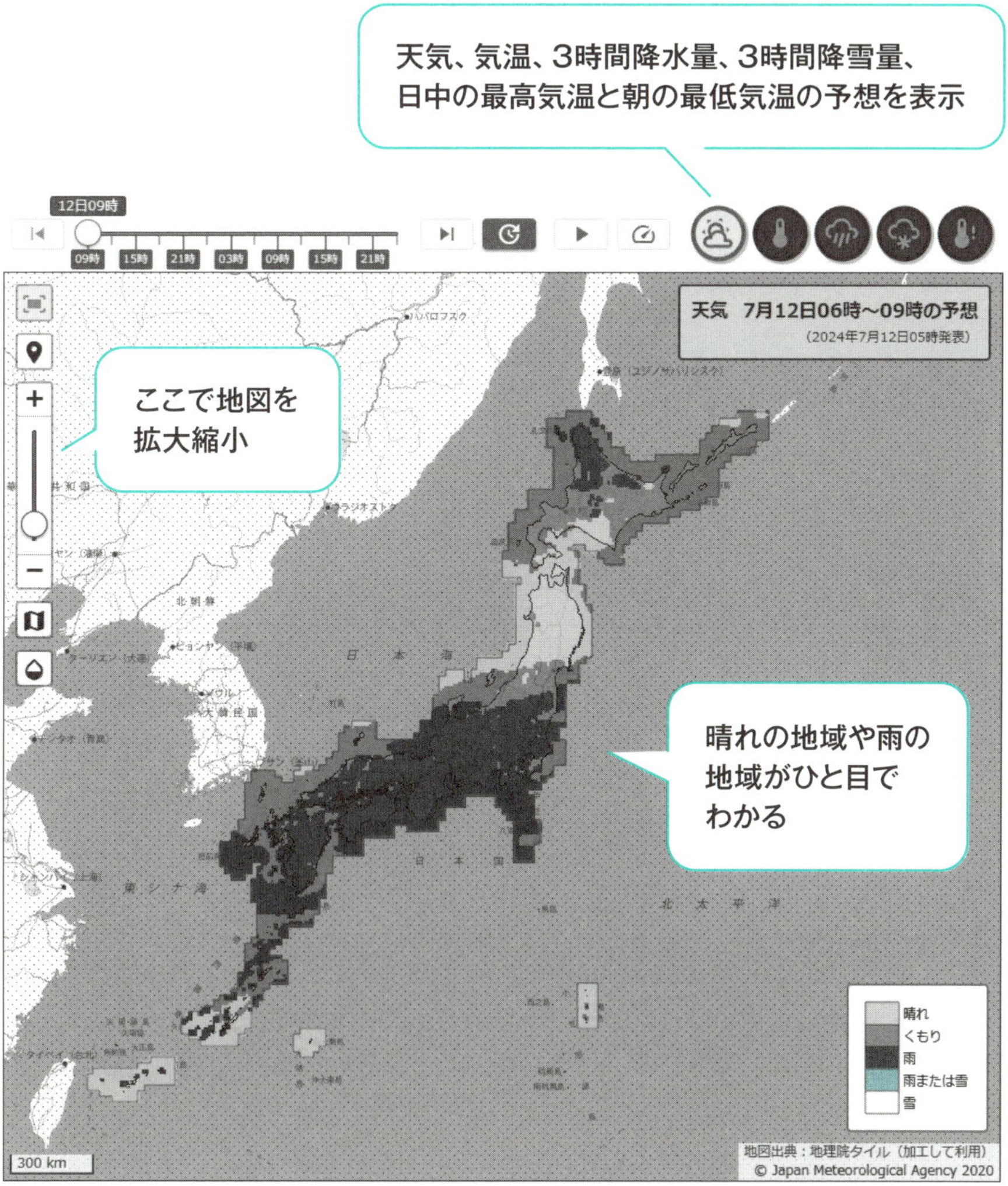

（気象庁「天気分布予報 最新の天気分布予報・地域時系列予報へ（2024年7月12日5時発表）」をもとに作成）

「天気分布予報」は明日の24時までの予報。
日本全国や各地ごとの細かい天気や気温の違いを知ることができる

の分布を晴れならオレンジ、雨ならブルーというように色分けするなどしてひと目でわかるようにした図。**自分の頭上の天気や移動先の天気がわかる**ので便利です。

「今後の雨（降水短時間予報）」は、15時間先までの1時間ごとの降水量の予測を見ることができます。 6時間先までの降水量は10分ごとに、7時間先から15時間先までの降水量は1時間ごとに更新されます。6時間先までは3時間降水量と24時間降水量の予測も見ることができますので、大雨が予想されているときに自分のいる場所でどれくらい降るのか、降水量を確認することができます。

また、テレビの気象情報では雨の降り方や風の強さを表現するために、気象庁がコンピューターで計算している数値予報モデルの結果を見せることがあります。「全球モデル（GSM）」という地球全体を13kmのメッシュで区切るモデル、「メソモデル（MSM）」という日本周辺を5kmのメッシュで区切るモデル、「局地モデル（LFM）」という日本周辺を2kmのメッシュで区切るモデルなどがあり、予報の期間や頻度、主な用途も違います。**目先数時間程度の大雨などの予想には局地モデル、数時間~1日先の災害をもたらす現象の予報にはメソモデル、台風予報や1週間先までの天気予報には全球モデル**などが使用されています。

数値予報モデルとは、地球大気や海洋・陸地の状態の変化の「今」のデータを基に、物理法則を使って、スーパーコンピューターで「将来」の状態を計算する手法です。計算結果は必ずしも正しいわけではないので、気象予報士や気象庁の予報官が信頼性や地域特性などを考慮して、天気予報をつくっています。

気象庁の数値予報モデル
(全球モデル、メソモデル、局地モデル)

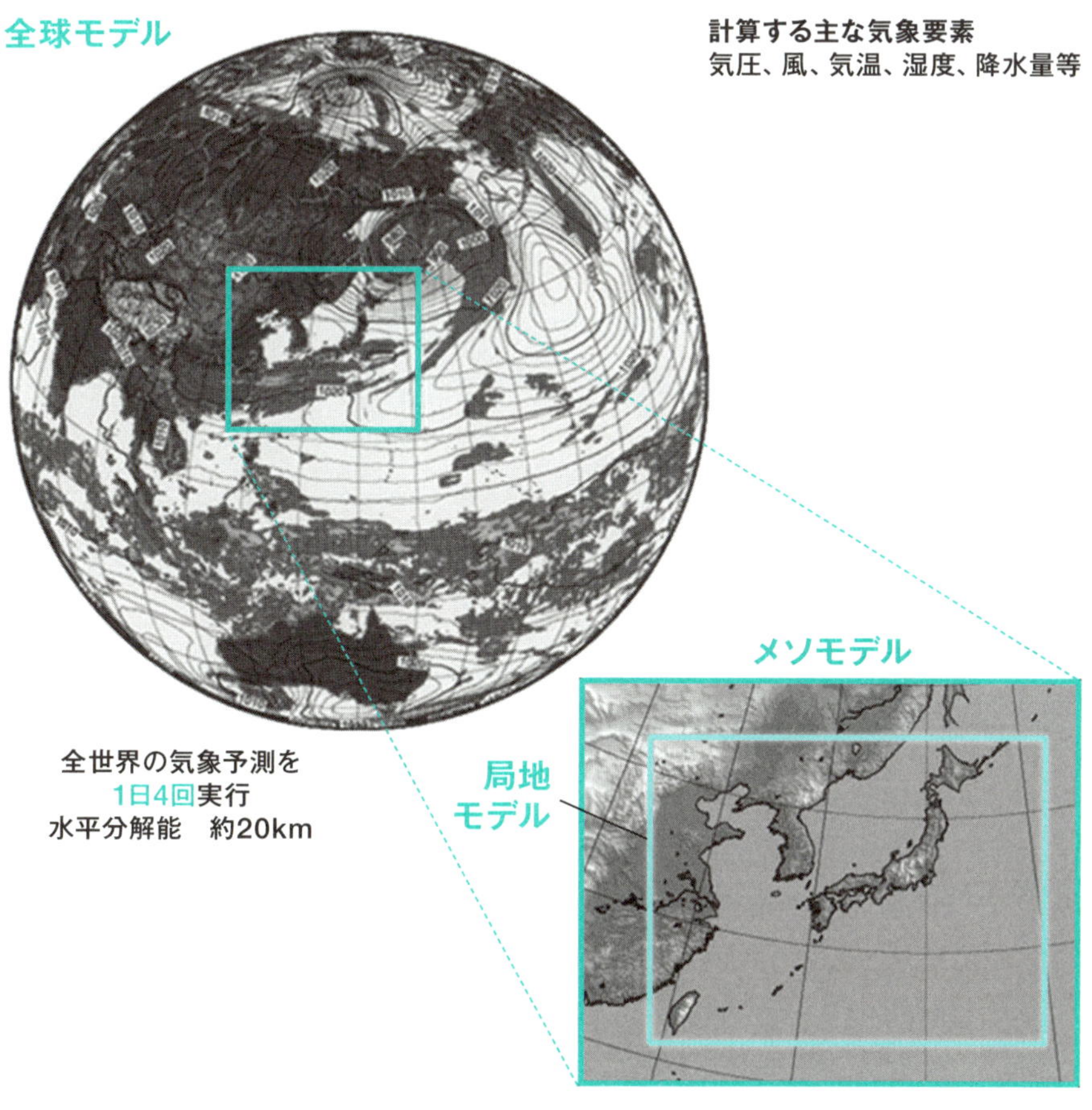

(気象庁「気象業務はいま2021」をもとに作成)

「全球モデル(GSM)」は 地球全体を13km のメッシュで区切るモデル、
「メソモデル(MSM)」は 日本周辺を5km のメッシュで区切るモデル、
「局地モデル(LFM)」は 日本周辺を2km のメッシュで区切るモデル。
予報の期間や頻度、主な用途などが異なる

Saita's memo　水平分解能 数値予報モデルで計算を行う格子間の距離のこと。

旅行や運動会の事前準備に役立つ7日先までの予報が頼りになる

週末に旅行するときは土・日曜の天気が気になりますよね。運動会のようなイベントがあるときも、当日雨が降らないことを祈ると思います。そのときに役に立つのが**7日先までの天気を予報する「週間天気予報」（正式には「府県週間天気予報」）**です。

7日先までの天気はどのくらいの確率で当たるのでしょうか。基本的には先の予報になればなるほど精度は低くなりますが、気象の状況によって精度にばらつきが生じます。

そこで「週間天気予報」では、3日目以降の降水の有無の予報については、信頼度を「A」「B」「C」の3階級で表示しています。「A」は確度が高い予報、「B」は確度がやや高い予報、「C」は確度がやや低い予報のこと。

信頼度の発表が始まったのは意外に古く2001年7月3日です。信頼度の発表が始まった当初は、「A」は期待される適中率が70％以上、「B」は期待される適中率が60～70％、「C」は期待される適中率が60％未満とされていました。ところが検証結果（2014年12月までの5年間）は、「A」の降水の有無の適中率平均88％、「B」は平均73％、「C」は平均58％となり、期待値を上回りました。

私は以前、週間予報で「くもり時々晴れ」のマークは、「雨が降るのか、晴れるのか、どち

天気予報の信頼度はABCで表す

先の予報ほど信頼度が低いということはない

全国の天気予報（7日先まで）

2024年05月23日17時発表

日付	今夜 23日（木）	明日 24日（金）	明後日 25日（土）	26日（日）	27日（月）	28日（火）	29日（水）	30日（木）
釧路	くもり	くもり 時々雨	くもり 時々晴れ	くもり 時々晴れ	くもり 一時雨	くもり 一時雨	くもり 一時雨	くもり 時々晴れ
降水確率（%）	−/−/−/0	10/60/50/20	20	20	50	60	50	30
信頼度	−	−	−	A	C	B	C	A
最低/最高（℃）	−/−	9/16	6/16	6/17	7/16	10/16	9/15	7/16
旭川	くもり のち雨	くもり 一時雨	くもり のち晴れ	くもり 時々晴れ	くもり 一時雨	くもり 一時雨	くもり 一時雨	くもり 時々晴れ
降水確率（%）	−/−/−/50	70/30/30/30	10	30	50	60	50	30
信頼度	−	−	−	A	C	B	C	B
最低/最高（℃）	−/−	12/16	4/15	5/19	8/18	11/17	9/16	7/19
札幌	くもり	くもり 一時雨	くもり のち晴れ	晴れ時々 くもり	くもり 一時雨	くもり 一時雨	くもり	くもり 時々晴れ
降水確率（%）	−/−/−/20	70/20/10/10	10	20	60	60	40	30
信頼度	−	−	−	A	B	B	C	A
最低/最高（℃）	−/−	13/15	7/17	9/22	11/19	13/19	11/18	10/20

（気象庁「全国の天気予報（7日先まで）」をもとに作成）

「週間天気予報」では、3日目以降の降水の有無の予報の信頼度を「A」「B」「C」の3階級で表示。信頼度は「A」が最も高いらに転ぶかわからないマーク」と講演で話していたこともありますが、現在は「信頼度」を活用することで、天気が変わる可能性を誰でも知ることができますので、予定の変更なども早めに検討することができます。

最近では2週間先までの天気予報も発表されるようになりました。**気象庁は「2週間気温予報」を発表しています。** これは週間天気予報より先の2週目の気温の目安として、**10日先を中心とした5日間の平均気温について、平年と比べて高い・低いなどの階級によって地図に示してあります。** 府県別のページでは、最高・最低気温について、過去1週間の経過と向こう2週間の予報をまとめて見ることができるため、気温変化に早めに備えることができます。衣服などの準備だけでなく、農作物の被害を軽減することや、気温によって需要が変動する商品やお客さんの動向を予測できるため、発注や在庫調整にも役立てることができます。また、6日先から14日先までの期間で、**その時期としては10年に一度程度しか起きないような著しい高温や低温、降雪量（冬季の日本海側）となる可能性がいつもより高まっているときは「早期天候情報」が発表され、注意が呼びかけられています。**

「天気予報の自由化」によって、民間気象各社が独自の予報を発表できるようになりました。現在は2週間以上先の天気や最高・最低気温、降水確率などの予報を出している会社もあります。A～Eの5段階の信頼度を付けて発表していますが、信頼度が低いD・Eの予報のことも多く、精度はまだ高いとは言えない状況です。

Saita's memo

早期天候情報 月曜日と木曜日の14時半頃、東海地方などの地方ごとに発表。農作物の管理や除雪への対応に注意を呼びかける。

2週間気温予報の表示画面

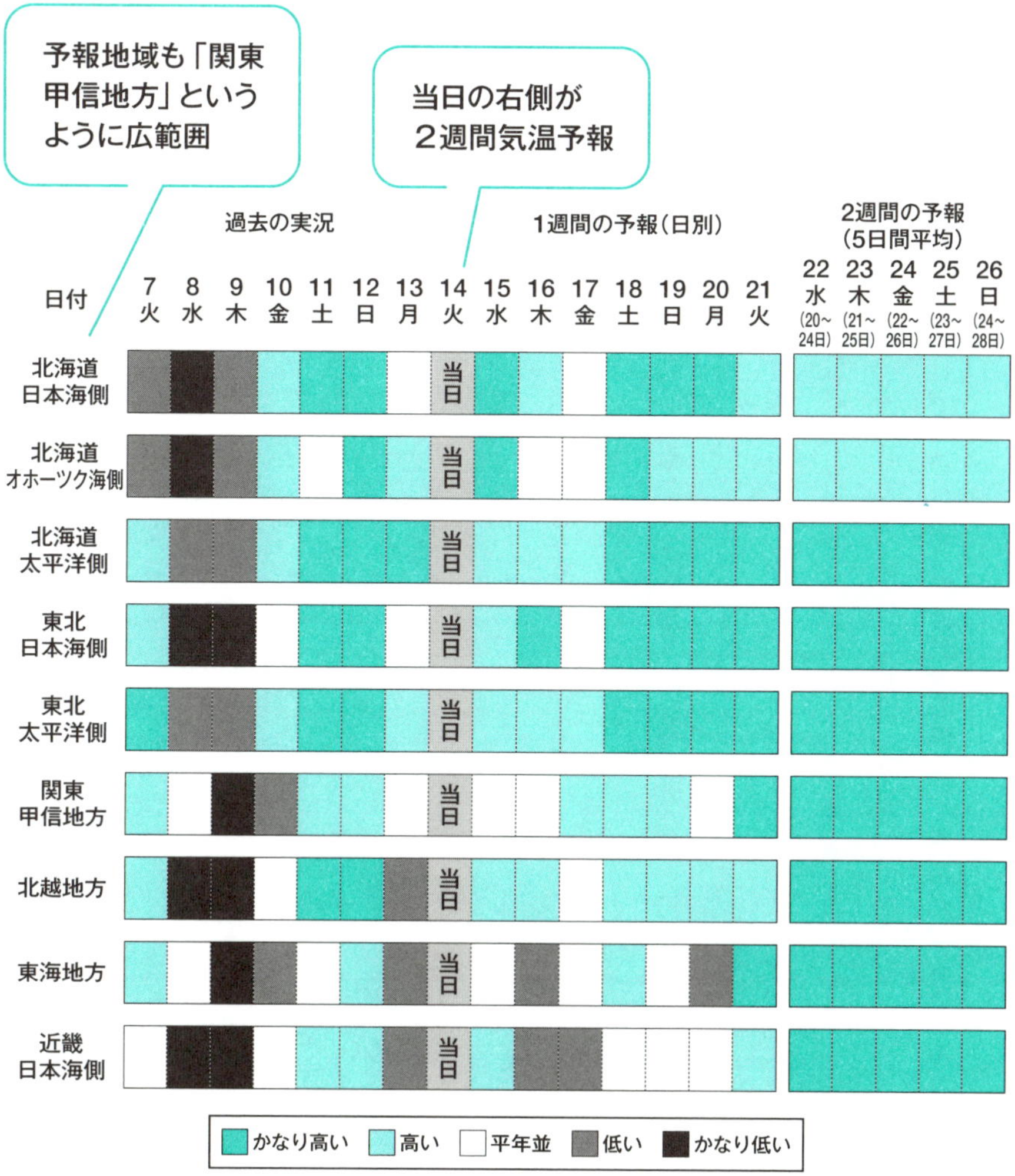

（気象庁「2週間気温予報」をもとに作成）

当日（この図では14日）を基準に左側が「過去の実況」、右側が「１週目の予報」と「２週目の予報」に分かれている

農業や商売に役立つ1カ月や3カ月先の季節予報がある

1カ月以上先の卒業式や結婚式など行事のある日の天気が気になる人も多いと思います。でも、**残念ながら1カ月後の天気を「晴れ」「雨」「雪」というように断定して予報することはできません。**

季節予報には、1か月予報（次の土曜日から向こう1カ月）や3か月予報（翌月から向こう3カ月）がありますが、これは毎日の天気を予報するものではなく、「向こう1カ月間はくもりや雨の日が多い」のように、**期間の大まかな天候を予報**しています。

また、**平年と比べて、どのような天候になるかに注目して、気温、降水量、日照時間、降雪量などが発表**されています。「今年の8月はいつもの8月より暑い」と言うように、「いつもの8月（平年）」という基準からどれくらいずれているか、ということを「**低い（少ない）」「平年並」「高い（多い）」の3つの階級**に分けて、それぞれの確率とともに発表されています。

3つの階級分けの基準を気象庁は、「1991年～2020年の30年間の値のうち、11番目から20番目までの範囲を『平年並』として、それより低ければ『低い』、高ければ『高い』と定めています」と説明しています。

その年の夏（6〜8月）や冬（12〜2月）の平均気温や降水量などの大まかな傾向を早く知るための情報として、2月25日頃に発表される**「暖候期予報」**と9月25日頃に発表される**「寒候期予報」**もあります。

農業ではこれらを利用して、適切な時期に作物を植えたり収穫したりする計画を立てることができますし、ダムなどでは降水量の予測を基に、水の供給や需要を調整することができます。

天候や気温で、衣料品の売れ行きが変わるのはもちろん、スーパーマーケットやコンビニエンスストアで売れる商品にも違いが出るため、**アイスクリームやビールなどの生産管理にも活用**されています。

季節予報の種類

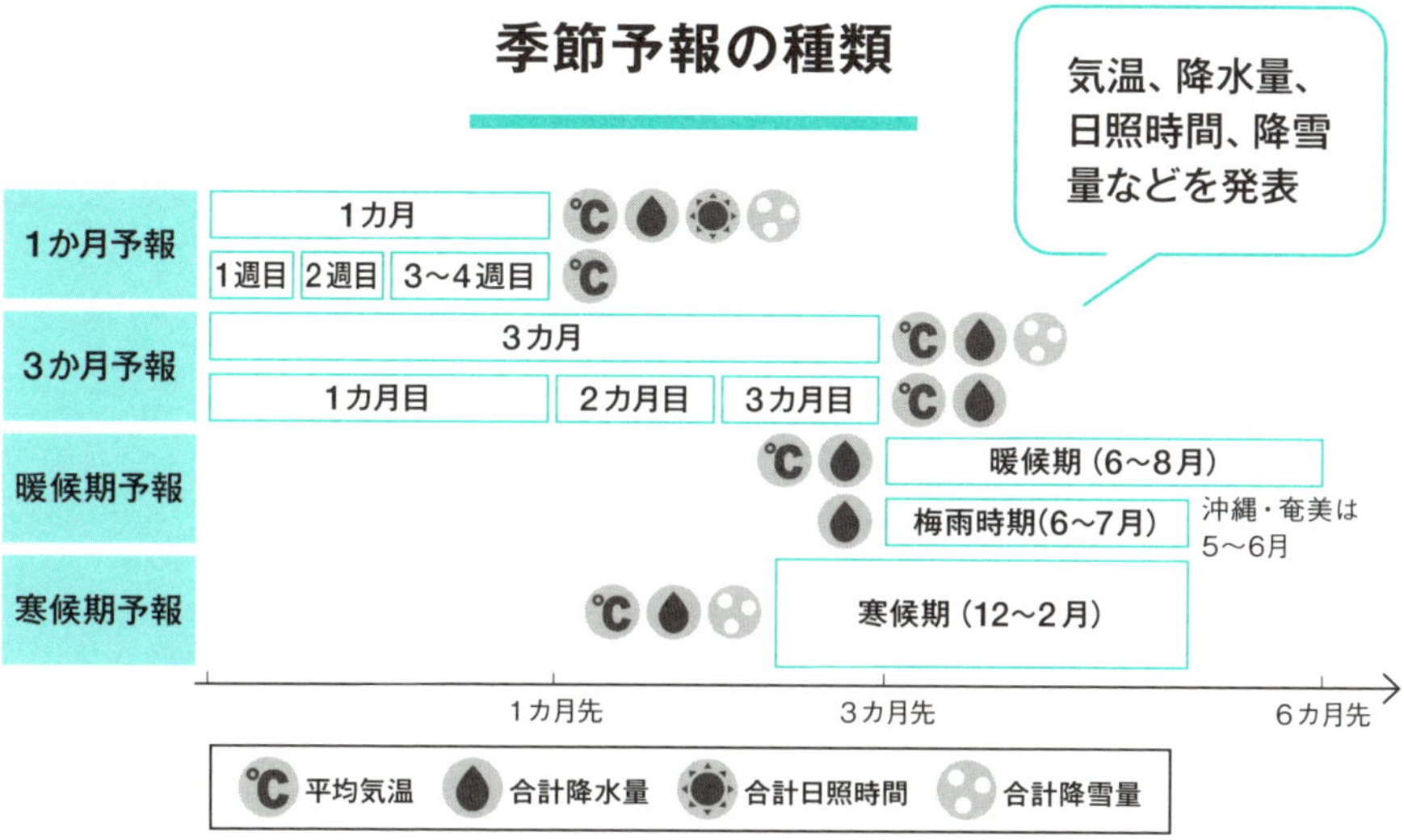

（気象庁「季節予報の種類と内容」をもとに作成）

季節予報には1か月予報や3か月予報がある。
これらは毎日の天気の予報ではなく、期間の大まかな天候を予報する。
その年の平均気温や降水量などの大まかな傾向の情報として
夏（6〜8月）の「暖候期予報」と冬（12〜2月）の「寒候期予報」がある

昔は適中率7割、今は9割に近い 最近の天気予報はよく当たる

最近の天気予報は当たると思いませんか？　実は思うではなく、かなり当たるようになってきたのです。**明日予報の適中率は9割に近づいています。**

気象庁は「天気予報の精度検証結果」を定期的に公表しています。多くの人は、晴れかくもりかが当たることよりも、雨が降るか降らないかを気にすると思います。そこで、東京地方の予報精度（夕方発表の明日予報）をグラフで見ると、**降水の有無の適中率は1980年代後半の82～83％程度から年を追うごとに概ね向上していて、2023年は88％になりました。**グラフが一直線に右肩上がりを描いていない大きな理由は、毎年の天候の状況が異なり予測の難易度も変化するためです。

では、昔はどのくらいの精度だったのでしょう。気象庁長官だった立平良三さんの論文（「天気予報の信頼性」）によると、降水の有無の適中率は**「終戦直後は70％強」**でした。立平さんは終戦直後の1950年という「気象衛星もコンピュータもない時代としてはかなりの精度という感じがする」と評価しています。ところが立平さんが気象庁に勤務していた頃は、「天気予報はよく外れますね」があいさつ代わりだったそうです。予報が当たったときよりも外れたときのほうが印象に残るのは、今も昔も変わらないのかもしれません。

Saita's memo

ラジオゾンデ　ゴム気球に吊るして飛ばし、高度約30㎞までの大気の状態（気圧・気温・湿度・風向・風速など）を観測する。

さて、精度が向上している理由を気象庁では、「数値予報モデルの精緻化、解析手法の高度化、観測データの増加・品質改善、そして数値予報の実行基盤となるコンピューターの性能向上」と説明しています。天気予報をつくるためには、まず詳細な気象観測が必要ですが、気球を上げる「ラジオゾンデ」の高層観測や気象衛星ひまわりなどの性能はどんどん向上しています。気温、湿度、気圧、風向、風速などの**膨大な観測データから仮想の今の空をつくり、数値予報モデルで計算して将来の大気の状態を予測しています**。その結果を、気象庁の予報官や気象予報士が予報に役立てています。でも、例えば6時間後の大気の状態を予測するための計算に、それ以上の時間がかかってしまっては役に立たないので、数値予報には最新のスーパーコンピューターシステムが利用されています。

1985年～2023年までの東京地方の予報精度（夕方発表の明日予報）の推移

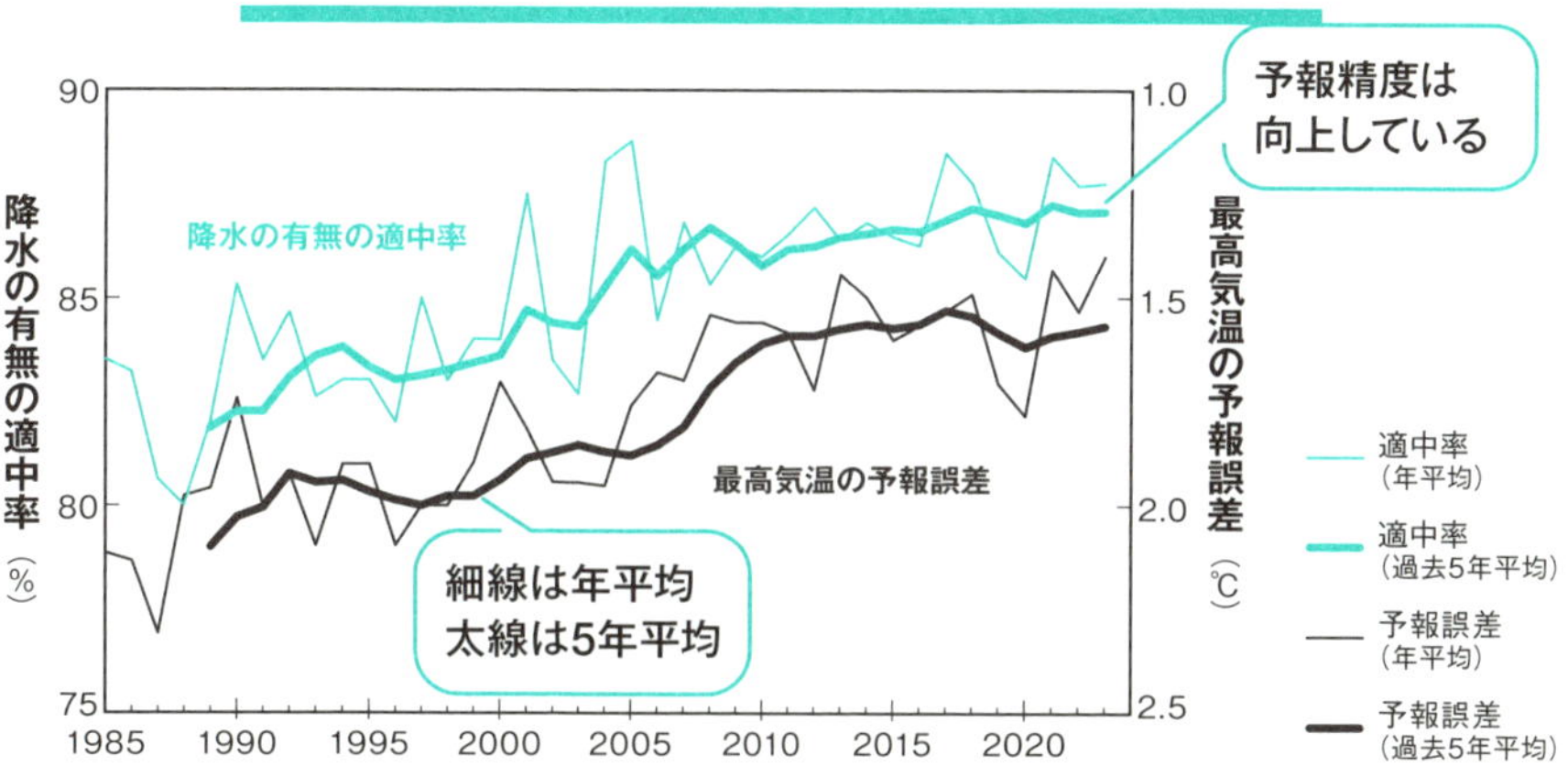

（気象庁「天気予報の精度検証結果」をもとに作成）

東京地方の降水の有無の予報精度は、およそ40年間で82～83%程度（1980年代後半）から88%（2023年）に向上している。最高気温の予報誤差も40年間で縮小している

Saita's memo
気象衛星ひまわり 赤道上空約35,800㎞で、地球の自転と同じ周期で地球を周ることで、同じ範囲を宇宙から観測している。

春の天気が変わりやすいのは高気圧と低気圧が交互に通過するから

3月から5月の春の典型的な天気図の特徴は、「移動性高気圧」が書かれていること。**春の天気は変わりやすいと感じている人が多いと思いますが、その主な原因が移動性高気圧**です。移動性高気圧の説明は、秋の天気図にも出てきます。

春は、冬型の気圧配置がしだいに崩れ、日本列島上空を偏西風（地球の周りを西から東へ向かって吹いている風）に影響された**移動性高気圧と低気圧が西から東へ、交互に通過する**ようになります。

高気圧に覆われたときは穏やかな晴天となりますが、低気圧が通過するときはくもりや雨となって風が強まるため、**春の天気は変わりやすい**という特徴があります。低気圧が通過したあとに一時的に冬型の気圧配置となり、北風が吹いて寒さがぶり返す「寒の戻り」が起こることも。

また、春先は北から入り込んでくる冷たい空気と南から流れ込む暖かい空気がぶつかることで、**低気圧が急速に発達し、「春の嵐」**が起こります。春の嵐はあなどることができません。台風並みの暴風が吹くことや、日本の南海上を進む「南岸低気圧」によって太平洋側に大雪を降らせることがあります。

健康に影響する「春の４K」にも注意が必要です。春の４Kとは「乾燥」「花粉」「黄砂《こうさ》」「寒暖差」の頭文字のKをとった４つのこと。

春の移動性高気圧は、晴天とともに大陸から乾いた空気をもたらします。乾燥すると、喉を痛めやすく、風邪も引きやすくなります。花粉の飛散ピークは、地域によって前後しますが、およそ2月から3月頃はスギ、4月頃はヒノキの花粉の飛散量が多くなります。黄砂が飛んで来るのも春が多く、アレルギー反応が出る人がいます。そして、春は日ごとの寒暖差が大きくなりやすいだけでなく、日中は暖かくても朝晩は冷えて寒いというように1日の中での寒暖差も大きくなるため、体調を崩しやすい時期です。

私たちの健康に影響する「気象病」については42ページで改めて解説します。

春の典型的な天気図①

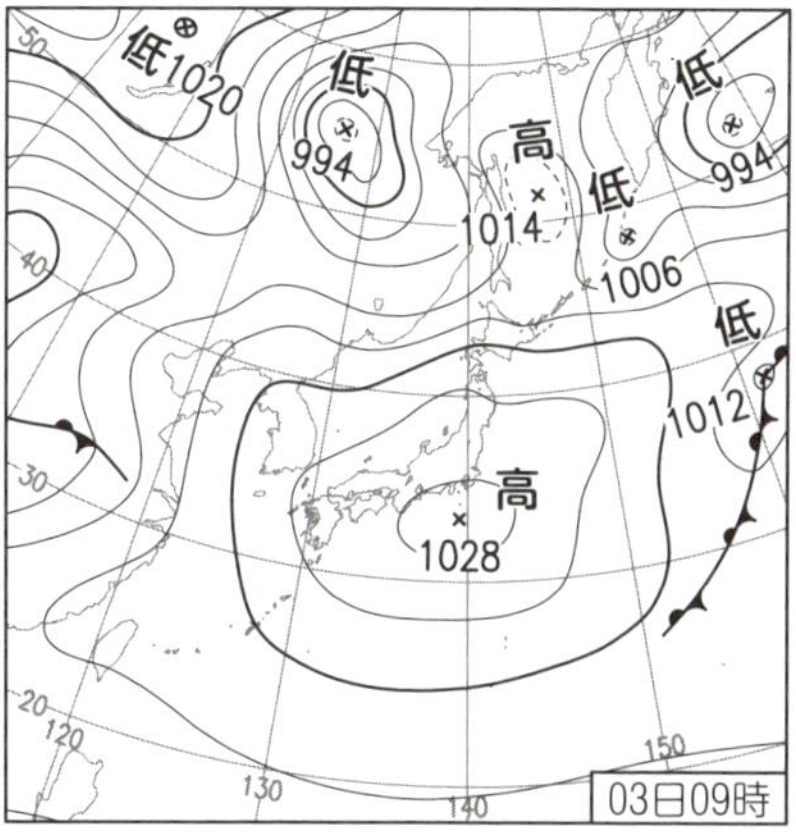

2023年5月3日9時の天気図

移動性高気圧に覆われた

春の典型的な天気図②

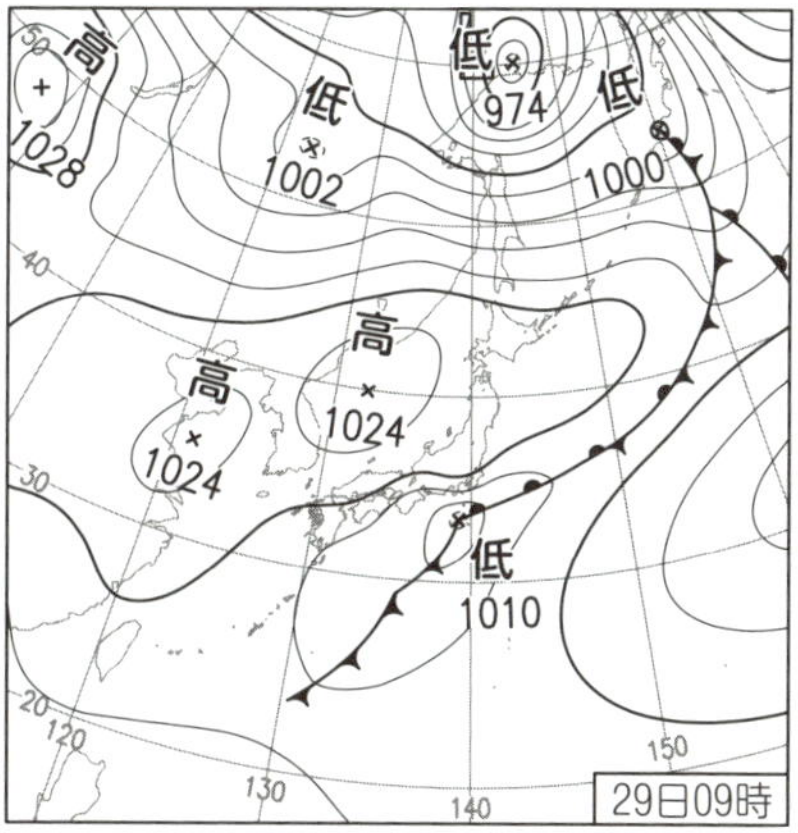

2020年3月29日9時の天気図

（ともに気象庁「日々の天気図」をもとに作成）

南岸低気圧が通過した

本州付近に東西に延びる前線が停滞するとうっとうしい梅雨が始まる

梅雨《つゆ》は雨の日が多く、湿度も高いため、食べ物が傷みやすくなります。食中毒も多い時期なので、食べ物はすぐに冷蔵庫に入れるなど食品管理にも気を付ける必要があります。

一方、梅雨入りする頃を意味する入梅《にゅうばい》は、現在のように天気予報が発達していない江戸時代には田植えの日を決める目安となっていたそうです。この時期は盛夏に必要になる農業用の水を蓄える時期なので、ほどよく雨が降らないと農作物の出来にも影響します。

梅雨の天気図の特徴は、本州付近に東西に延びる梅雨前線《ばいうぜんせん》が現れることです。前線とは、地上の暖かい気団（空気のかたまり）と冷たい気団の境目のこと。冷たい空気は暖かい空気より重いので、冷たい気団が下、暖かい気団が上になります。**冷たい気団と暖かい気団が接する面が「前線面」、前線面が地上に接する所が「前線」**です。

ここでは梅雨の天気図を理解するため、前線の話をしましょう。

前線には、**「温暖前線」「寒冷前線」「閉塞前線」「停滞前線」という4つの種類**があります。

天気図では赤が温暖前線、青が寒冷前線として書かれ、◓や▲の向きに動きます。

温暖前線は暖気が寒気に乗り上げて、雨雲が広がる前線のこと。弱い雨が長く続くことが多く、通り過ぎたあとは気温が上昇します。

寒冷前線は、寒気が暖気の下に潜り込んで押し上げることで、雨雲が発達しやすい前線です。短時間に強い雨が降ることが多く、通り過ぎたあとは気温が下がります。

閉塞前線は、寒冷前線の移動が速くなり、温暖前線に追いついた前線です。

停滞前線は、動きが遅く同じような位置にとどまっている前線のこと。**梅雨前線は、この停滞前線の仲間**です。

日本の北側にあるオホーツク海高気圧がもたらす北東からの冷たく湿った空気と太平洋高気圧がもたらす南からの暖かく湿った空気の境目付近に、梅雨前線ができるのです。

梅雨前線は、南北に振動を繰り返しながらゆっくり北上するので、平年（1991～2020年の30年間の観測値）では5月10日頃に沖縄から梅雨入りし、7月28日頃に東北北部で梅雨明けとなります。

日本では、梅雨は「5つ目の季節」と呼ばれることがあり、梅雨だけは気象庁から梅雨入りや梅雨明けの発表があります。「はい、今から梅雨です！　季節が変わりましたよ！」と言っているようなもので、それがいかに難しいことかは理解してもらえると思います。**季節というのは本来、行きつ戻りつしながら進んでいきます。ある日を境に、突然に切り替わるものではありません。**そのため、気象庁は「○○日頃に梅雨入り（明け）したと見られる」という何とも歯切れの悪い発表をしているのです。

しかも、通常、**皆さんが見聞きしているのは梅雨入り（明け）の速報値**です。夏が終わって9月になると、実際の天候を基に「今年の梅雨入り（明け）は○月○日でした。」と、確定値がひっそりと発表されていて、日にちが変わっていることはしばしばあります。

「そんな梅雨の発表に何の意味があるの？」と疑問を持たれた人がいるかもしれませんが、**梅雨入りの発表は大雨へ備えるように注意を呼びかける大事な意味を含んでいます。**梅雨の2カ月足らずの間に、年間の降水量の3分の1以上が降る地域もあって、梅雨の時期には毎年のように災害が発生しています。

ところで、**北海道には梅雨がない**と言われます。なぜでしょう。それは、**梅雨前線が北上するにつれて徐々に衰えるため、北海道に到達する前に消滅することが多い**からです。たまに北海道付近まで前線が近づいて、1~2週間ほど雨の降りやすい天気が続く年があり、それを「蝦《え》夷《ぞ》梅雨」と呼ぶこともあります。

梅雨の時期を迎える前には、家の周囲や側溝を掃除して水はけをよくしたり、ハザードマップで避難場所を確認したりするなど、大雨への備えを早めに進めておきましょう。

梅雨の典型的な天気図

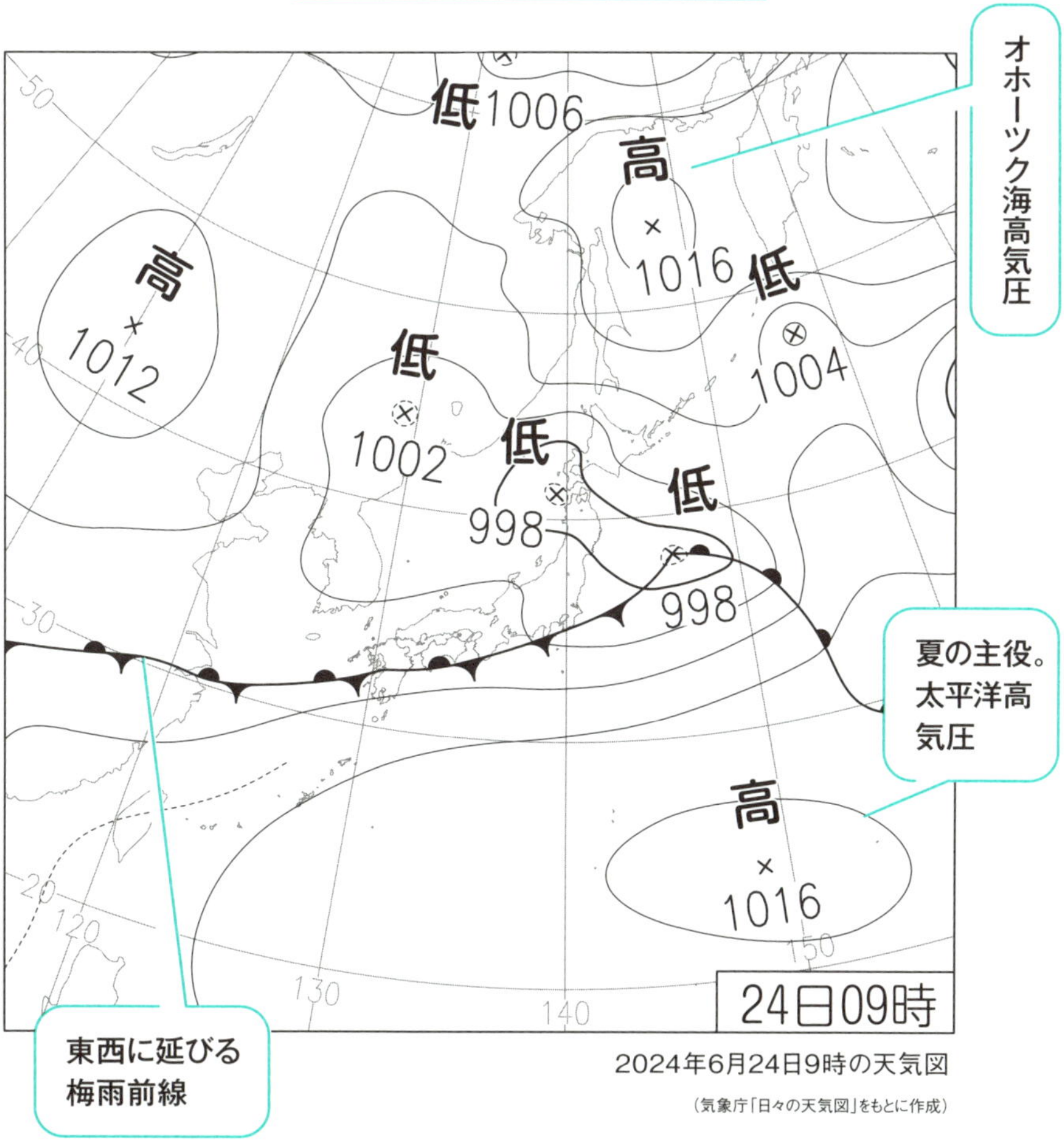

2024年6月24日9時の天気図

（気象庁「日々の天気図」をもとに作成）

本州付近に東西に延びる梅雨前線、前線の南側に太平洋高気圧、前線の北側にオホーツク海高気圧が書かれている

夏の前半と後半では天気ががらりと変わる

多くの人の夏の天気のイメージは、空は晴れ、じりじりと太陽が照りつける暑い日が続く…でしょうか。ところが**夏は6～8月、夏の天気は前半と後半で大きく変わります。**

前半は、北海道など一部地域を除いて、全国的に梅雨前線の影響により降水量が多くなります。梅雨明けはいちばん早い沖縄地方で平年6月21日頃、関東甲信は平年7月19日頃、東北北部で7月28日頃なので、夏の前半は雨の日やくもりの日が多くなります。

夏の後半は、日本列島が太平洋で発生した太平洋高気圧に覆われることが多くなり、晴れて、気温が高く、湿度の高い日が続きます。

この太平洋高気圧がクジラの尾のような形で本州付近まで勢力を広げると、晴れて蒸し暑い日が続きます。気温は全国的に30℃を超える真夏日が多くなり、涼しい北海道でも気温が上がり、北海道と沖縄の気温差は5℃前後まで縮まります。

しかもここ何年かは記録的な暑さが続いていて、２０２３年の東京は7月6日から9月7日まで2カ月以上も真夏日が続くという暑い記録が生まれました。東京では、35℃以上の猛暑日が続くことも珍しくありません。猛暑になると日照りが続き水不足になることがあります。

ただし、夏は常に暑いというわけではありません。太平洋高気圧の勢力が強まらないと、本州付近に前線が停滞して、オホーツク海高気圧から冷たい風が吹きやすくなるため、平年に比べて気温が低い「冷夏《れいか》」になることがあります。**冷夏は涼しく感じることの多い夏ですが、農作物の生育に悪影響を与えて不作になる**ことがあります。

沖縄・奄美地方では8月になると台風の接近が増え、災害への注意が必要になります。

夏は海や山などのレジャーに出かける人も多いと思いますが、近年は記録的な暑さや局地的な大雨が増えています。暑い時間帯を避けて行動したり、レーダーの雨雲を確認して通り過ぎるまで安全な場所にとどまったりして、天気予報を上手に活用しましょう。

夏の典型的な天気図

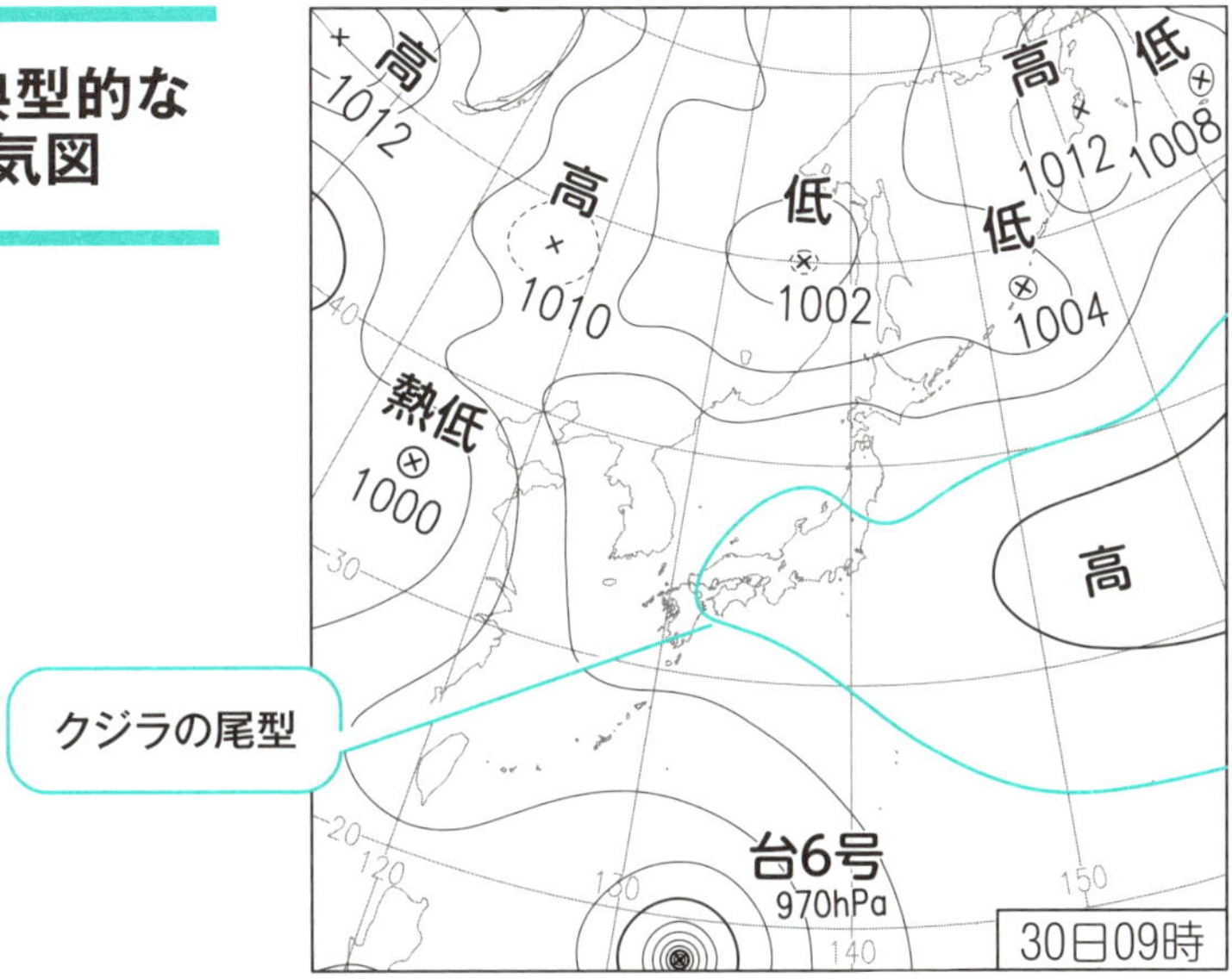

2023年7月30日9時の天気図

（気象庁「日々の天気図」をもとに作成）

「クジラの尾型」が現れると晴天が長続きする

秋の天気の前半は雨の日が多く、後半は晴れた爽やかな日が続く

秋は気象学的な区分では9月から11月にかけての季節。秋の初めの9月頃は、春と夏の間の梅雨のように、**夏と秋の間にも「秋雨《あきさめ》」という長雨の時期**があります。

夏を過ぎると太平洋高気圧の勢力がしだいに弱まります。すると**大陸から移動してくる高気圧などが冷たい空気をもたらし、太平洋高気圧の暖かい空気とぶつかるため、前線が発生しやすくなります**。この前線が秋雨前線です。梅雨前線と似ていますが、季節が進むにつれて秋雨前線の位置はしだいに南下します。

秋は爽やかな晴天をイメージするかもしれませんが、秋の前半はくもりや雨の日が多いのです。9月は台風の発生や接近が多い時期。台風の直接的な大雨だけでなく、台風が秋雨前線に暖かく湿った空気を送り込んで、前線の活動が活発となり、大雨になることがあります。

秋雨前線がなくなると、低気圧と移動性高気圧が交互に日本付近を通過するため、数日の周期で天気が変化して雨が降ります。さらに秋が深まると、大きな高気圧や東西に帯状に連なった高気圧に覆われて、爽やかな秋晴れが続くようになります。11月になると、低気圧の通過後には一時的に西高東低の冬型の気圧配置となる日が現れます。**秋から冬へと変わるこの時期に吹く北よりの強い風のことを「木枯《こが》らし」**と言いますが、気象庁では**最初に吹いた木枯らしを「木枯らし1号」**として、**東京地方と近畿地方のみ発表**しています。東京地方は「10月半ばか

Saita's memo

秋雨と梅雨の違い 秋雨の時期は東日本で雨量が多く、梅雨の時期は西日本で雨量が多い傾向がある。

ら11月末にかけて、西高東低の冬型の気圧配置となった状態で、最大風速が秒速8m以上の西北西~北風が吹いた」とき、近畿地方は「霜降（10月23日頃）から冬至（12月22日頃）にかけて、西高東低の冬型の気圧配置となった状態で、最大風速が秒速8m以上の北よりの風が吹いた」ときで、発表基準に若干の違いがあります。

木枯らしが吹くときは、日本海側で冷たい雨が降ったり止んだりする時雨《しぐれ》が降りますが、冬が近づくと北日本や標高の高い山から雪へと変わってきます。

夏に向かって暖かくなる春と、冬に向かって寒くなる秋とでは、同じ気温でも体感は大きく違いますので、天気予報を見るときには「前日比」に注目してください。**気温が5℃低くなるときの服装は1枚多く着るというのが目安**です。

秋の典型的な天気図

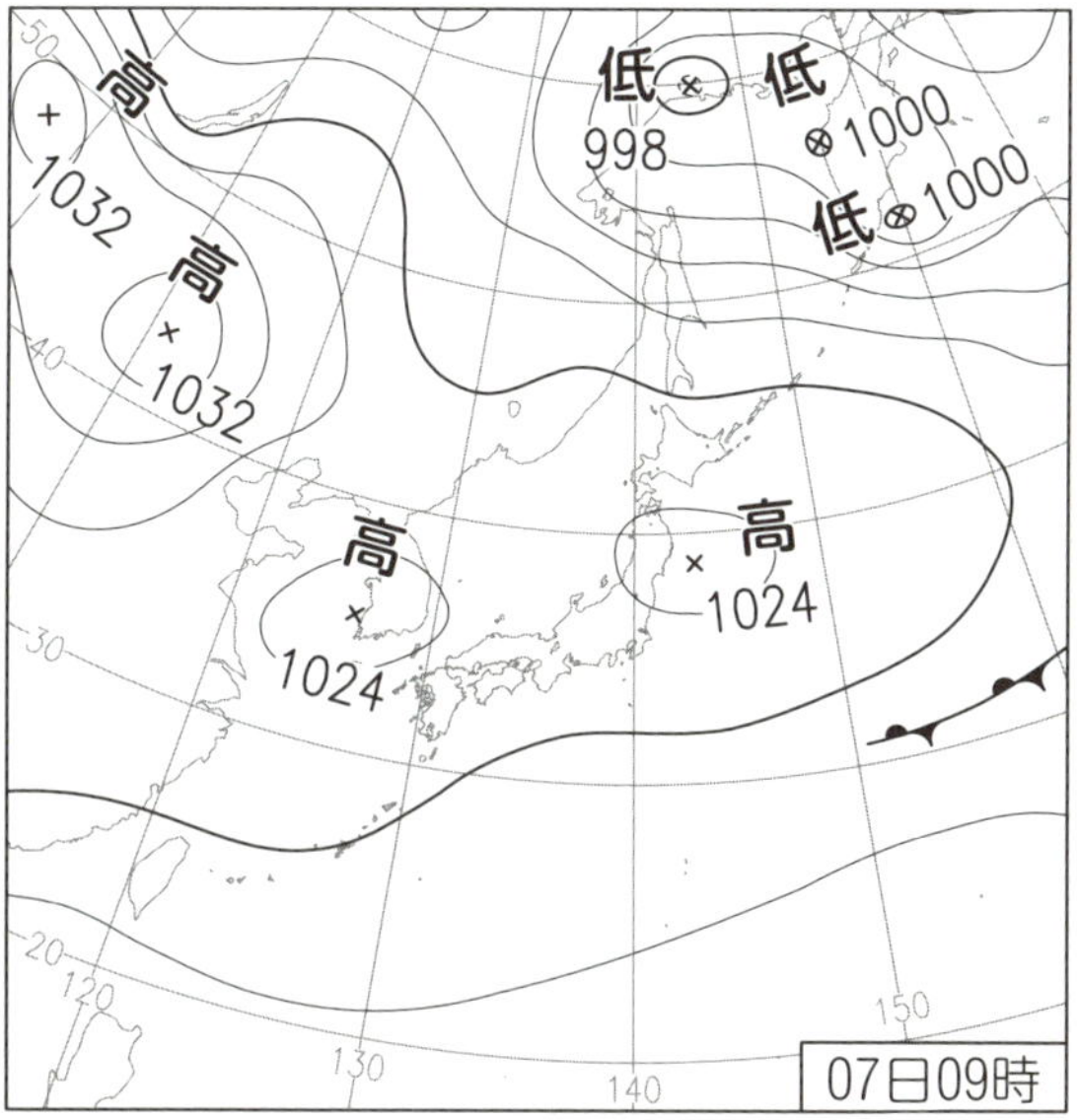

2022年11月7日9時の天気図

（気象庁「日々の天気図」をもとに作成）

日本列島は帯状の高気圧に覆われて、概ね晴れ。
沖縄は高気圧の縁を回る暖かく湿った空気の影響でくもりや雨だった

冬は、日本海側は雪の日が、太平洋側は湿度の低い晴れの日が続く

12月から2月の冬の季節が近づくと、天気予報の中で、**「西高東低の冬型の気圧配置」**とか**「縦縞模様の冬型の気圧配置」**という表現を使うことが多くなります。

天気図を見ると、大陸から高気圧が張り出し、千島列島方面のオホーツク海から日本の東の海上にかけてのあたりに、低気圧が位置するような形です。**西側に高気圧、東側に低気圧があるので「西高東低」、等圧線が縦縞のように見える典型的な冬の気圧配置**です。

冬型の気圧配置になると、北西の季節風が吹き、シベリアからの寒気を運んできます。この冷たい季節風（季節ごとに吹く代表的な風。夏は南風、冬は北西風）は、日本海をわたるときに、暖かい海面から水蒸気が供給されて雲が発生し、日本海側に雪を降らせます。

本州の中央部には脊梁山脈《せきりょう》（日本列島を貫く背骨のような高い山脈）がありますが、この山に季節風がぶつかって上昇すると雪雲は発達するため、山沿いで大雪になります。山を越えた季節風は水蒸気がなくなって乾いた空気をもたらし、太平洋側は晴れの日が多くなります。

関東平野をはじめ各地では、晴れた日の風の弱い夜には放射冷却が強まり、気温が下がります。**放射冷却は、昼間の太陽光で暖められた地面付近の熱が、夜になって逃げ（放射され）て、**

冬の典型的な天気図

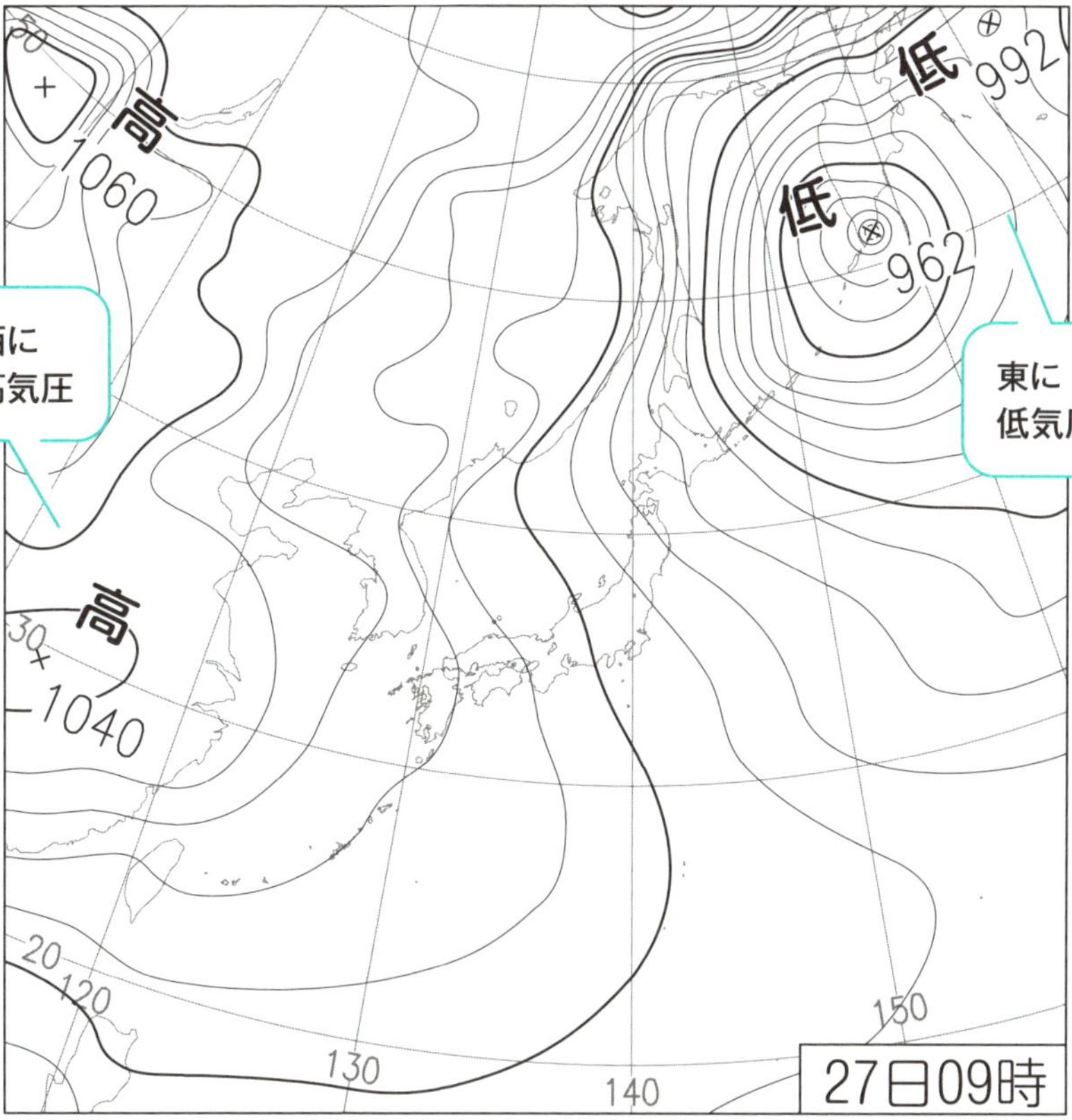

2021年12月27日9時の天気図

（気象庁「日々の天気図」をもとに作成）

西高東低の冬の天気図。
上空の寒気と強い冬型の気圧配置が継続。
特に近畿北部～北陸中心に大雪となった

冷え込む現象。晴れていると、熱が雲にさえぎられずに上空へ逃げていきます。風が弱いと、地面付近の冷えた空気が上にある暖かい空気と混ざり合いにくく、一段と寒くなります。放射冷却は1年を通して起きていますが、夜間に晴れていること、風が弱いこと、空気が乾燥していることなど放射冷却が強まる条件が重なると、夏や秋でも朝はぐっと冷えることがあります。

冬の天気予報では、とても寒くなることをわかりやすく伝えるために、「真冬の寒さ」という表現を使うことがあります。これは1年の中で最も寒い時期（1月末～2月上旬）の平年の気温と同じか、さらに低いときに使っています。**「冬日」は最低気温が0℃未満の日、「真冬日」は最高気温が0℃未満の日**のことです。

冬は大雪にも警戒が必要です。「ＪＰＣＺ」（Japan-sea Polar airmass Convergence Zone：日本海寒帯気団収束帯）が発生すると、日本海側で局地的に大雪となって、車の立ち往生の原因になります。ＪＰＣＺのメカニズムは、西高東低の冬型の気圧配置が強まって大陸から寒気が吹き出すとき、朝鮮半島のつけ根の高い山によって分かれた風が日本海で合流することで、長さ１０００㎞程度にもなる帯状の雪雲が発生します。ＪＰＣＺが同じ場所に流れ込むと、短時間で積雪が急増し、除雪が間に合わないような状況になります。

冬の終わり、**春の始まりを告げる強く暖かい風が「春一番」**です。語感からは穏やかな春の陽気を連想させますが、実際には突風や高波による災害が発生することもよくあります。気象庁では「立春（2月3日頃）から春分（3月20日頃）までの間に、広い範囲ではじめて吹く、暖かく強い南よりの風」としています。沖縄や甲信地方、東北、北海道を除く地域で発表されていますが、基準となる風の強さや、日本海に低気圧があるかどうか、最高気温が前日より高くなるなど、地域によって発表の条件には若干の違いがあります。

冬は大雪や厳しい寒さで、行動が制限されることが多いのです。

春が待ち遠しいからでしょうか、春は「光の春」「音の春」「気温の春」の３つの段階で表現されます。最初は日差しがだんだん強くなる「光の春」がやってきます。次に、雪解けが進むと、水が滴り落ちたり、雪解け水が流れたりする川の音などが聞こえる「音の春」。そして、いよいよ春本番、実際に気温が高くなる「気温の春」がやってきます。

季節の移ろいは、日本の文化や生活に深く根付いています。季節ごとに異なる風景や食べ物を楽しむことも大切でしょう。

大雪を降らせるJPCZのメカニズム

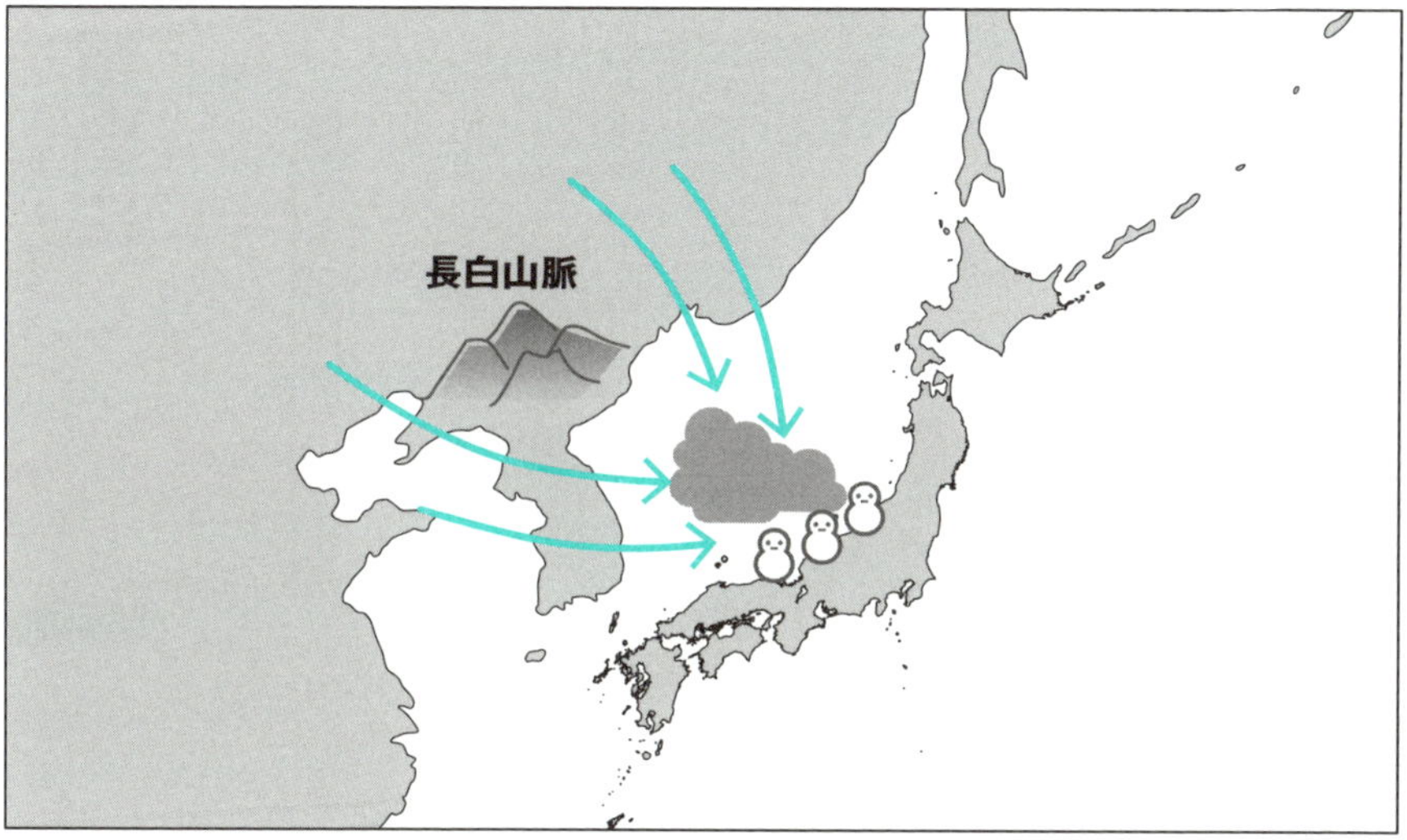

日本海で風が合流。
前線のように風が収束して雪雲が発達しやすくなる

健康被害を防ぐ花粉飛散情報や黄砂飛来情報も重要に

天気予報が伝える情報は、天気そのものだけではありません。**健康被害を防ぐための情報**も必要に応じて伝えています。

春の季節が近づくと、ニュースにもなる花粉症。日本では悩まされている人が年々増えていて、10年ごとに行われる全国的な調査では、毎回10%ずつ患者が増加。2019年時点では、**国民の約4割が花粉症になっている**と見られていて、政府が社会問題と位置付けて解決に乗り出しているほどです。

スギ花粉には飛びやすい天気があります。晴れて気温が高い日ほど花が開きやすくなるため要注意。雨が降ると、花粉を飛ばす雄花がぬれて開かなくなるため、花粉はほとんど飛びません。ただ、翌日晴れると、前日の分を合わせ2日分の花粉が飛ぶことがあります。また、湿度が高いときは、花粉が湿気を吸って重くなるので飛散が抑えられますが、湿度が低く乾燥していると、風に乗って飛ばされやすくなります。**特に風速が10m/sを超えるような日は、注意が必要**です。外出時は、ウールなどの花粉が付きやすい服は避けて、綿やポリエステルなど花粉が付きにくい服を選びましょう。建物に入る前には服などに付いた花粉を払い落とすことも忘れないでください。

鼻アレルギーの全国疫学調査（2019年）

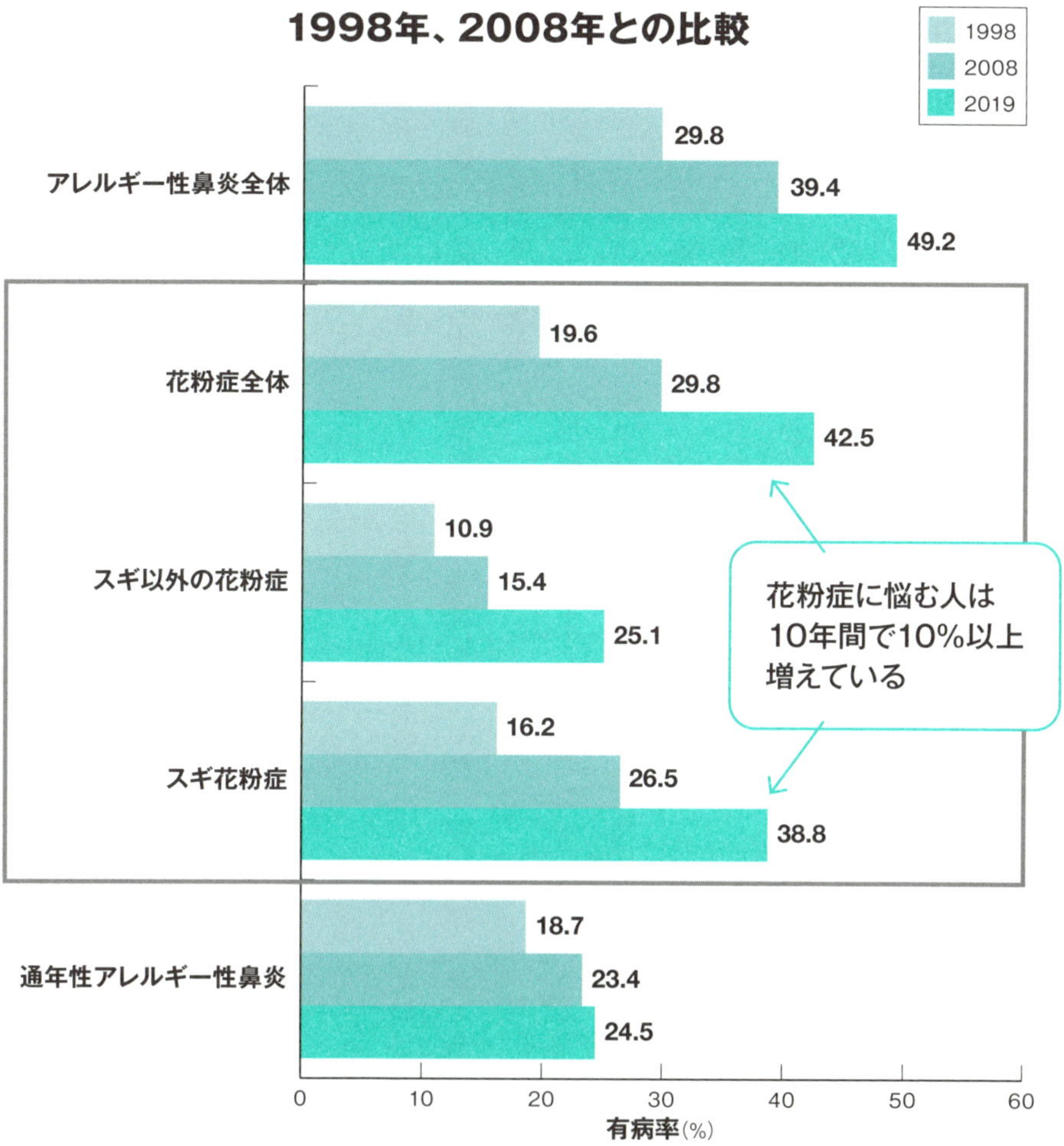

（内閣官房「花粉症に関する関係閣僚会議（第1回）令和5年4月14日議事次第・配付資料 花粉症対策（厚生労働省）」をもとに作成）

花粉症の有病率（疾病を有している人の割合）は、
2019年時点では、花粉症全体で42.5%、
スギ花粉症で38.8%となっており、10年間で10%以上増加している

ＮＨＫ気象情報でも「花粉飛散予測」は必要に応じてとりあげていますが、この予測の提供元は気象庁ではありません。環境省や林野庁が提供する花芽の発育状況に関するデータと気象庁が提供する気象データなどを活用して、**民間の花粉飛散予測実施事業者が独自の予測を発表**しています。官と民の役割分担というわけです。

このほかにも各自治体、東京都なら保健医療局がウェブサイト「東京都アレルギー情報ｎａｖｉ．」などで地域の花粉飛散状況を発表しています。

春に多く観測される「黄砂」も私たちの健康に影響を与えると言われています。**黄砂はユーラシア大陸内陸部の乾燥した地域の土壌・鉱物粒子が強風によって数千ｍの高度にまで巻き上げられ、偏西風に乗って飛来する現象**です。

黄砂の被害は発生源からの距離によって程度が異なります。日本の場合、飛来するまでに黄砂の濃度が低くなることが多いので、自動車や洗濯物の汚れに対する注意にとどまることが多いのですが、ごくまれに高い濃度のまま黄砂が飛来して見通し（視程）が２㎞未満になると、航空機の離着陸など交通に影響を与えることがあります。

健康への影響としては、目のかゆみ、結膜炎、鼻水やくしゃみなどのアレルギー症状を引き起こしたり、小さい子どもが呼吸機能の低下を起こしたりします。

気象庁では、３日先までの黄砂濃度の予測をウェブサイトで提供し、広範囲にわたって濃い黄砂を観測もしくは予測したときは、黄砂に関する気象情報を発表しています。

黄砂は東アジアの砂漠域から飛んでくる

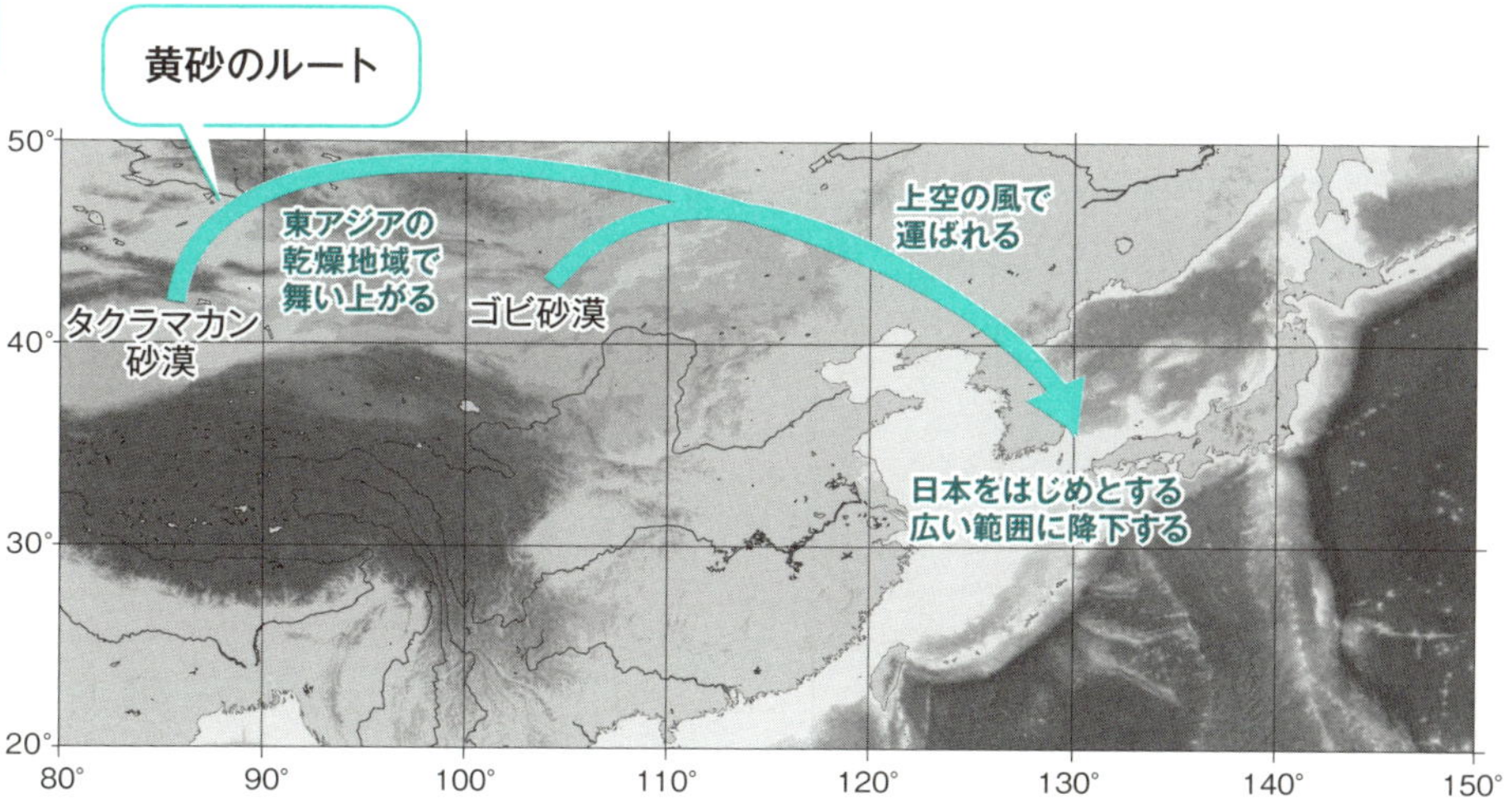

※地形データは、米国海洋大気庁地球物理データセンター作成のETOPO1（緯度経度1分格子の標高・水深データ）を使用しています。

※本ページ内の図の作成にはGMT(Wessel et al., Generic Mapping Tools: Improved Version Released, EOS Trans. AGU, 94(45), 409-410, 2013. doi: 10. 1002/2013EO450001)を使用しています。

（気象庁「黄砂に関する基礎知識」をもとに作成）

黄砂はユーラシア大陸の土壌や鉱物粒子が偏西風に乗って飛来する現象。目のかゆみ、結膜炎などのアレルギー症状を引き起こすことがある

特に**呼吸器や循環器に疾患のある人や子ども、高齢者は、黄砂が飛来しているときは、不要不急の外出を控えたり、不織布マスクなどを着用したりして、黄砂を吸い込む量を減らす**ことを心がけてください。また、換気の際は黄砂の飛散が少ない時間帯を選んで短時間で済ませたり、空気清浄器を使用したりしましょう。

台風が近づいたときや雨の日に、原因不明の頭痛や膝の痛みに悩まされていませんか？　昔から「天気が悪くなると古傷が痛む」などと言われていますが、気圧や気温、湿度の変化によって、頭痛、肩こり、めまい、吐き気、自律神経の乱れからストレスを感じたり、蕁麻疹《じんましん》が出たりするなどの症状が出ることもあります。

このような**気象の変化と密接に関連して症状が出る「気象病」あるいは「天気痛」**が少しずつ認知されています。既存病（持病）の症状が悪化する場合もあり、心臓発作、脳出血など命に関わる病気もあるため、十分に気を付ける必要があります。

天気の変化が激しい季節の変わり目に発症することが多いので、天気予報で気象の変化を先取りすれば、症状を軽減させることができそうです。

気象病（天気痛）に関する予報を発表している民間気象会社もありますので、天気予報を上手に活用して体調管理に役立ててください。

「天気痛」を持っている男女の割合

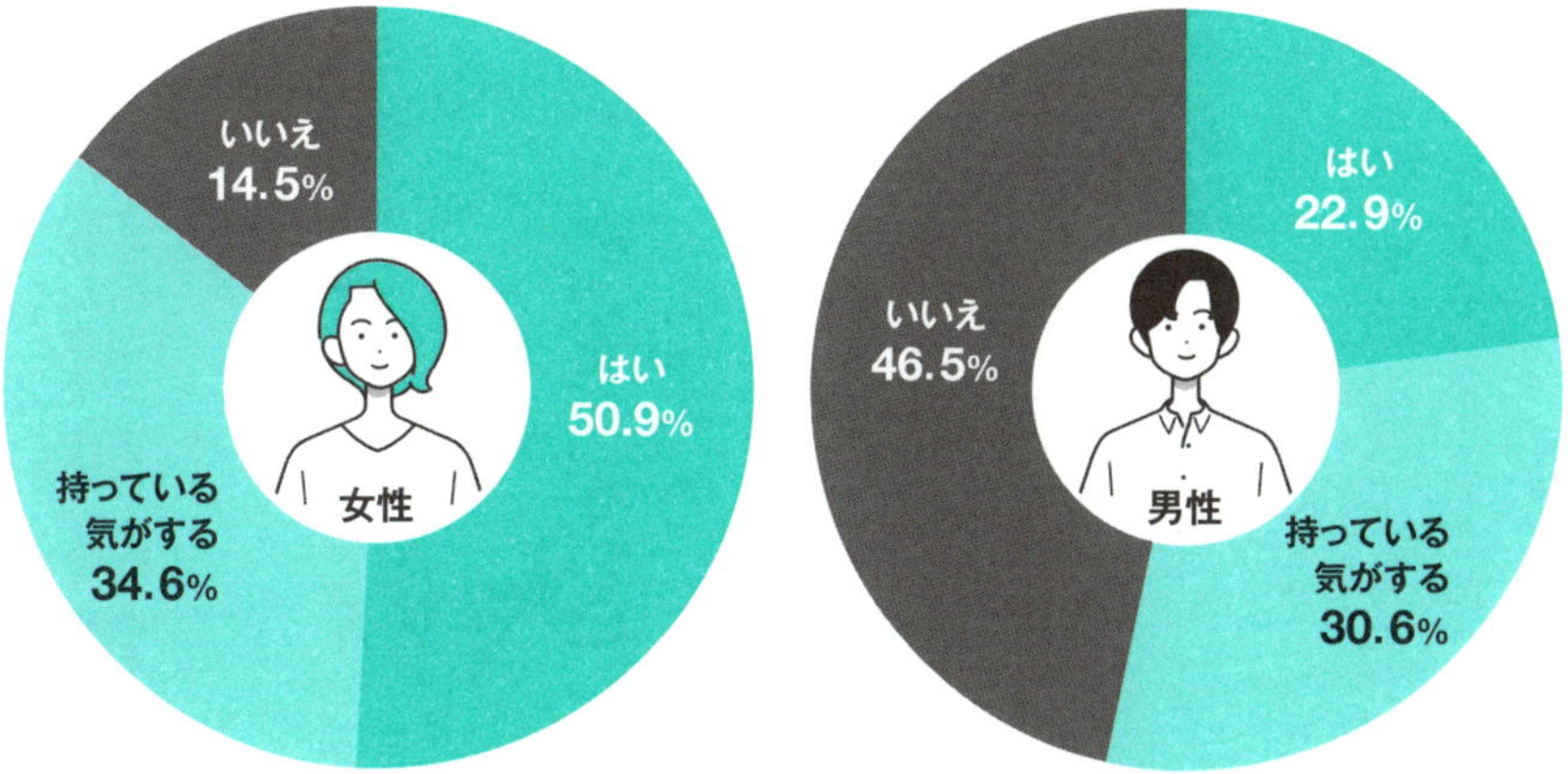

（ウェザーニュース「天気痛調査2023」をもとに作成）

男女約２万人に「天気痛を持っていますか？」と質問したところ、
約７割が「はい」または「持っている気がする」と回答。
「はい」と答えた自覚のある人は男性22.9%に対し
女性50.9%と半数を超えた

民間気象会社が発表する行楽に役立つ桜前線と紅葉前線情報

春は桜前線、秋は紅葉前線の動きが気になりますね。もちろん、前線といっても梅雨前線のように天気図に書いてあるわけではありません。

桜前線は、サクラの開花日が同じ地点を線で結んで地図上に表したもの。サクラの代表的な品種であるソメイヨシノを観測している所が多いですが、ソメイヨシノが一般的ではない北海道の一部はエゾヤマザクラ、沖縄と奄美地方はヒカンザクラを観測しています。

サクラの開花日とは、基準となる標本木で5~6輪以上の花が開いた最初の日のこと。気象庁が開花を観測する標本木は全国に58本あり、東京は靖国神社、京都は二条城、大阪は大阪城西の丸庭園内にあります。

沖縄・奄美地方のヒカンザクラの開花は1月中旬頃に始まります。ソメイヨシノの開花は3月下旬に九州、中国、四国、近畿、東海、関東で始まり、4月10日頃には北陸や東北南部、その後、東北北部を北上し、5月中旬には北海道日本海側北部・太平洋側東部まで達します。桜前線を追いかける旅行というのも楽しそうですが、地球温暖化や都市化の影響でサクラの開花

サクラの開花日の等期日線図
（1991〜2020年平年値）

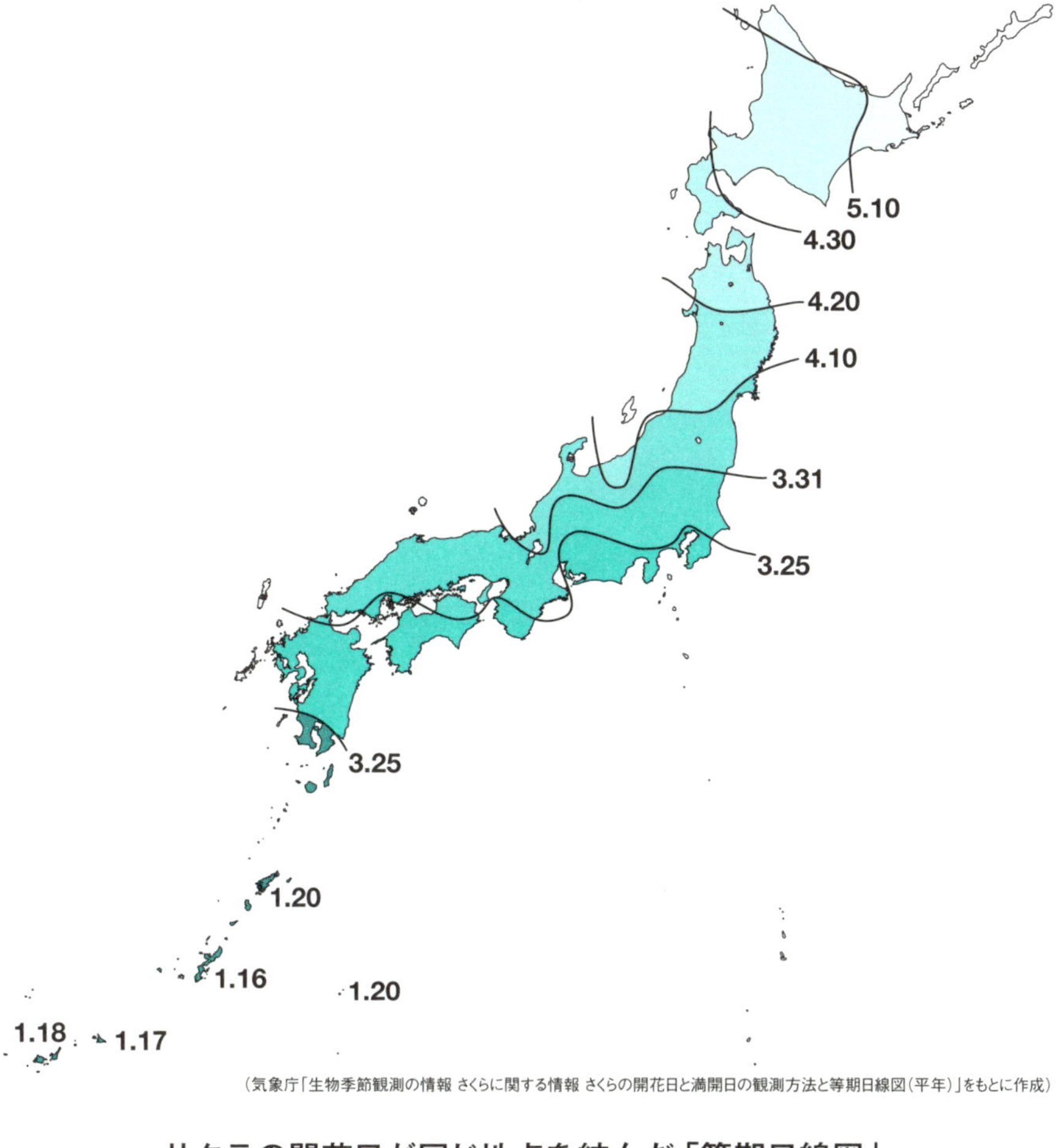

（気象庁「生物季節観測の情報 さくらに関する情報 さくらの開花日と満開日の観測方法と等期日線図（平年）」をもとに作成）

サクラの開花日が同じ地点を結んだ「等期日線図」
（1991〜2020年平年値）を見ると、
ヒカンザクラの開花は沖縄地方・奄美地方で 1月中旬頃に始まり 、
ソメイヨシノの開花は 3月下旬から 九州地方、中国地方、四国地方、
近畿地方、東海地方、関東地方というように北上していくことがわかる

日は早まる傾向にあります。**開花から満開は、地域や天候によって異なりますが、４～７日程度のことが多く、満開から散るまでも７日程度**です。

サクラの開花や満開の予想は、民間の気象会社が発表していますが、算出方法や発表する日時の違いなどから**予想が数日ずれていることが多い**のです。ＮＨＫの気象情報でも、サクラの開花状況や予想に加えて、傘や防寒具の必要性などを伝えることがありますので、お花見の幹事の人は参考になると思います。

気象庁では、カエデの紅葉日やイチョウの黄葉日、それに落葉日などの植物季節観測も行っています。紅（黄）葉日とは、基準となる標本木全体を眺めたときに、大部分の葉の色が紅（黄）色に変わった状態になった最初の日のこと。紅葉は気温の低下に伴って進むので、桜前線とは逆に北から南、もしくは山頂から麓に向かって進んでいきます。

紅葉の見頃の予想もサクラと同様に、現在は民間の気象会社が発表していて、気象庁は行っていません。気象庁は、季節の遅れ進みや、気候の違い、変化など総合的な気象状況の推移を把握する目的で、観測のみ継続しています。

サクラや紅葉の見頃の情報は、気象庁の標本木だけではなく、民間の気象会社が名所として人気の観光地などを取材して集めています。私もかつて電話をかけて聞いていたことがありますが、なかには「本当に紅葉が見頃なのかな？」と思う答えもありました。どの観光地もたくさんの観光客に来てもらいたいので、つい〝盛って〟しまうことがあるのかもしれませんね。

カエデの紅葉日の等期日線図
（1991～2020年平年値）

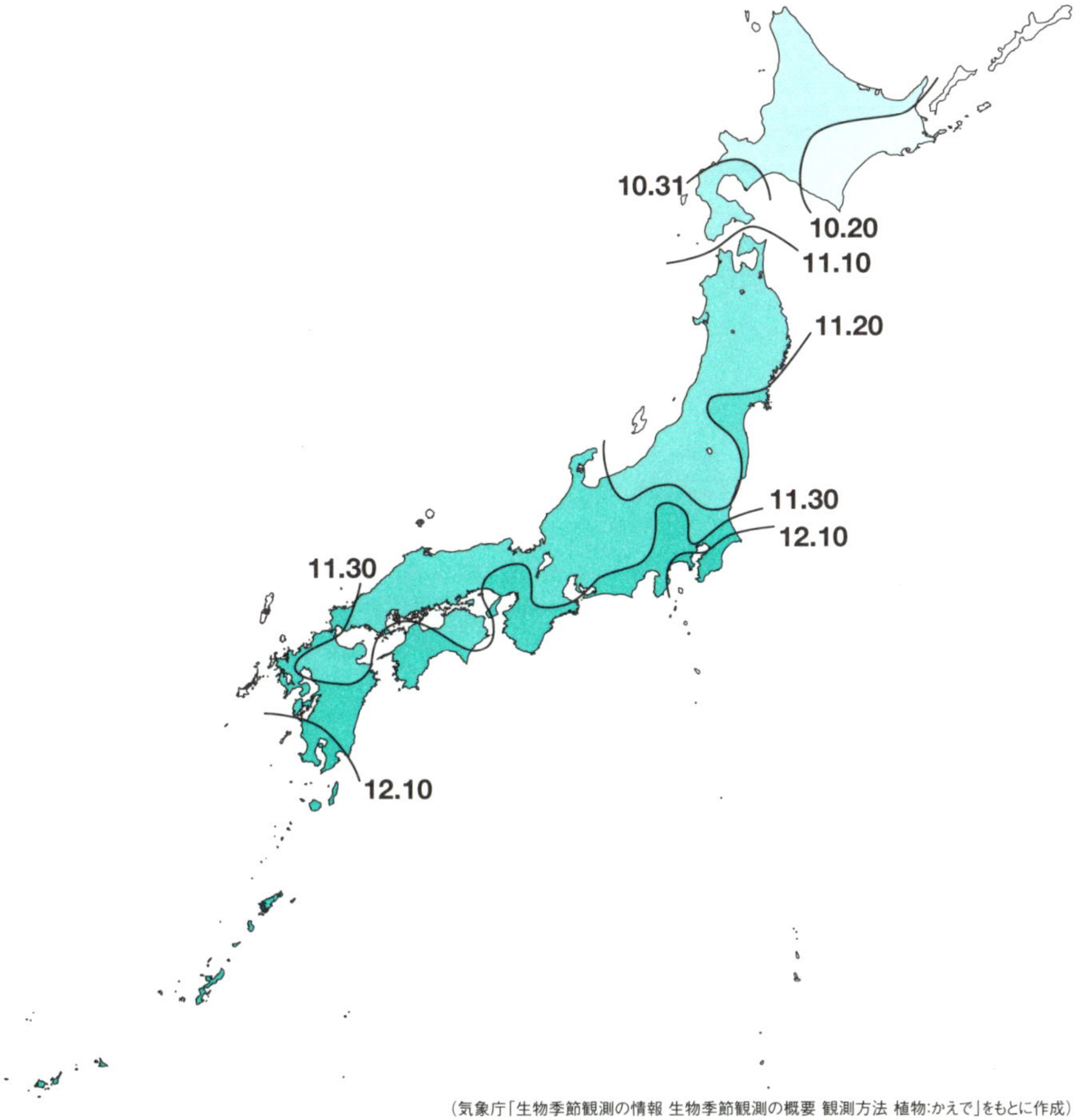

（気象庁「生物季節観測の情報 生物季節観測の概要 観測方法 植物:かえで」をもとに作成）

カエデの紅葉は、10月中旬から 北海道太平洋側東部で始まり、11月20日 には東北地方、北陸東部、11月30日 には関東地方、北陸地方、東海地方、中国地方、四国地方、九州地方北部まで南下する

二十四節気

立春《りっしゅん》	2月3日～ 2月17日頃	暦の上ではこの日から春。 日脚が伸び、春の光が感じられる。
雨水《うすい》	2月18日～ 3月4日頃	降る雪が雨へと変わり、氷も解けて水になる頃。 農耕開始の目安。
啓蟄《けいちつ》	3月5日～ 3月19日頃	土の中で冬ごもりをしていた虫などが 外に出てくる頃。
春分《しゅんぶん》	3月20日～ 4月3日頃	昼と夜の長さが同じになる頃。 サクラが開花し、本格的な春が到来。
清明《せいめい》	4月4日～ 4月19日頃	すがすがしい春の息吹を感じる頃。 ツバメが東南アジアなどから飛来。
穀雨《こくう》	4月20日～ 5月4日頃	穀物の成長を促す雨が降る頃。 田植えの準備が始まる。

立夏《りっか》	5月5日～ 5月20日頃	暦の上ではこの日から夏。 新緑が目立ち始める。
小満《しょうまん》	5月21日～ 6月4日頃	動植物が一定の大きさに成長し、 生命が満ちていく頃。
芒種《ぼうしゅ》	6月5日～ 6月20日頃	稲や麦など、芒（穂先の尖った部分）のある 穀物の種をまく頃。
夏至《げし》	6月21日～ 7月6日頃	太陽の高度が最も高くなり、 1年のうちで最も昼が長い日。
小暑《しょうしょ》	7月7日～ 7月21日頃	梅雨明けが近く、 本格的な夏の暑さを感じる頃。
大暑《たいしょ》	7月22日～ 8月6日頃	1年で最も暑い頃。 全国的に梅雨が明け、真夏が始まる。

1年を24等分した季節を示す基準を、二十四節気と言います。もとは中国の黄河地方の気候からつくられたため、日本で体感する季節とは合わない時期もありますが、古くから農作業の目安などに使われてきました。天気予報で耳にすることも多く、知っておくといいでしょう。

秋

立秋《りっしゅう》	8月7日～ 8月22日頃	暦の上ではこの日から秋。 日が短くなり、朝夕は秋の気配を感じる。
処暑《しょしょ》	8月23日～ 9月6日頃	暑さがやわらぐ頃。 鈴虫などの声が聞こえ、稲穂が色づき始める。
白露《はくろ》	9月7日～ 9月22日頃	空気が冷えて、草花に付く朝露が 白く光って見える頃。
秋分《しゅうぶん》	9月23日～ 10月7日頃	昼と夜の長さが同じになる頃。 残暑が収まり、過ごしやすくなる。
寒露《かんろ》	10月8日～ 10月22日頃	露が冷たく感じられる頃。 柿や栗など秋の味覚の収穫期。
霜降《そうこう》	10月23日～ 11月6日頃	秋が深まり、霜が降りる頃。 紅葉が色づき、農作物の収穫が行われる。

冬

立冬《りっとう》	11月7日～ 11月21日頃	暦の上ではこの日から冬。 関東や近畿で木枯らしが吹き始める。
小雪《しょうせつ》	11月22日～ 12月6日頃	朝晩の冷え込みが強まり、 小雪がちらつき始める頃。
大雪《たいせつ》	12月7日～ 12月21日頃	本格的に冬が到来し、 各地で雪が降り積もる頃。
冬至《とうじ》	12月22日～ 1月4日頃	太陽の高度が最も低くなり、 1年のうちで最も夜が長い日。
小寒《しょうかん》	1月5日～ 1月19日頃	寒さが厳しくなる頃。 「寒の入り」でもあり、節分までが「寒の内」。
大寒《だいかん》	1月20日～ 2月2日頃	1年で最も寒い頃。 各地で年間の最低気温が観測されることが多い。

※日付は新暦です。それぞれの日付は、年によって異なります。
※参考:国立天文台 令和7年(2025)暦要項

日本ならではの
気象の美しい言葉

気象を表す日本語の中には、間違いなく伝わることを目的とした「天気予報用語」とは異なる美しい語感を持っていたり、季節を感じさせたり、うまい表現であったりするものがあります。そしてその多くが俳句の季語にも採用されています。ただ、旧暦を基準として使われてきた言葉なので、今の季節感で捉えると違和感が残るかもしれません。

空・大気の言葉

ATMOSPHERE

小春日和
【 こはるびより 】

春という字が含まれているが、小春は旧暦10月の別称。新暦では11月から12月上旬の冬の初め。春のような暖かで穏やかな天気のこと。冬の季語。

五月晴れ
【 さつきばれ 】

5月の晴れ渡った空。本来は旧暦の5月《さつき》に降り続く五月雨《さみだれ》（梅雨《つゆ》）の合間の晴れ間を指す。さつきぞらとも。夏の季語。

爽やか
【 さわやか 】

さっぱりとして気持ちがいいさまから、湿度が低く気温も快適な秋の天気に使われる。天気用語としては夏期や冬期には使わない。秋の季語。

蒼天
【 そうてん 】

青々とした空、青空のこと。特に春の空を言う。四天の1つで、ほかには夏の昊天《こうてん》、秋の旻天《びんてん》、冬の上天《じょうてん》がある。春の季語。

天高し
【 てんたかし 】

秋は大気が澄み、晴れ渡った空が高く感じられること。「天高く馬肥ゆる秋」ということわざも。季語では秋高し、空高しとも言う。秋の季語。

名残の空
【 なごりのそら 】

大晦日の空のこと。過ぎた1年を振り返る気持ちで仰ぎ見る、その年の最後の空。年の初め、元旦に見上げる空は初空《はつぞら》。冬の季語。

WIND

風の言葉

天つ風

【あまつかぜ】

あまつ風、天津風とも書く。空高く、吹く風のこと。「天つ」「天津」は天のとか天にあるという意味。

風薫る

【かぜかおる】

初夏に吹く南風。青葉の中を吹き、青葉の香りを運んでくるような風のこと。薫風《くんぷう》、薫る風とも。夏の季語。

野分

【のわき】

台風がもたらす大風のこと。秋から冬にかけて吹き荒れる暴風のことを言う。野わけとも。秋の季語。

山背

【やませ】

もとは山を越えて吹いてくる風の意味で、フェーン現象の性質を持つ風を指した言葉。現在は北日本に吹いてくる冷湿な北東風を指すことが多い。夏の季語。

雪下

【ゆきおろし】

雪を交えて、山から激しく吹き下ろす風。屋根に積もった雪を下ろすことの意味でもある。冬の季語。

RAIN

雨の言葉

雨喜び

【あめよろこび】

日照りが続いて農作物に被害が出そうなときに、ようやく降る恵みの雨。喜雨《きう》、慈雨《じう》とも。夏の季語。

御湿

【おしめり】

晴天が続き乾いた地面を適度にぬらす雨。雨を望んでいるときに適度に降る雨のこと。お湿りとも書く。

月の雨

【つきのあめ】

仲秋の名月を隠すように降る雨。名月が雨のために見えないこと。雨月《うげつ》、雨名月とも。秋の季語。

菜種梅雨

【なたねづゆ】

菜の花が咲く頃の3月から4月にかけて降り続く雨のこと。気象庁が発表する報道発表資料などにも使われる。春の季語。

俄雨

【にわかあめ】

突然降り出してすぐに止む雨。俄は「急に」「突然に」の意味。気象用語では「降水が地域的に散発する一過性の雨」。驟雨《しゅうう》とも。

池上は、こう読んだ

気象庁が毎日発表する天気予報の中で出てくる用語の数々。それを**正確に知っていると、天気予報を活用できるようになります。**最近は天気予報がよく当たるようになったと思いませんか。観測技術や分析技術が向上したからです。昔は戦争中、兵隊たちは戦場で「測候所」という言葉をお守りにしていました。その心は弾に「当たらない」から。

ところが、「測候所」と唱えるのは不吉だと言われるようになりました。その心は「たまに（弾に）当たるから」。なんとも馬鹿にした言い方でしたね。でも、**今はテレビでの斉田さんの予報は信頼していいのですよ。**気象予報士によって天気の情報の説明に違いがあり、信頼できる予報士といまひとつ信頼にかける予報士がいるように思えてしまいます。

天気図の読み方がわかってくると、春の天気図と夏の天気図の違いを読み取れるようになります。天気図を見ただけで、「これから晴れの日が続きそうだ」とか「ぐずついた天気が長く続きそうだ」とか自己流の天気予報が出せるようになりますよ。**天気図を見ながら斉田さんの説明を聞いていると、読み方のコツがつかめます。**

CHAPTER

2

どうして学ぶといいのか？

気象学の必要性とは

天気予報が伝える情報は
晴れか雨か…だけではないことはわかりました。
では何をどう知るといいのか。
気象の基本から、学ぶ必要性をひも解きます。

— METEOROLOGY —

「今日は晴れ」という予報なのに、空の8割が雲で覆われている⁉

皆さんは晴れとくもりの区別をどう付けていますか？　雲1つない空なら自信を持って「晴れ」と言えますが、空が雲で半分くらい覆われていたら「晴れ」でしょうか？　「くもり」でしょうか？

NHK「チコちゃんに叱られる！」でも晴れとくもりの境目をテーマにした回で解説していましたが、**気象庁では、晴れとくもりを空全体に対する雲の量の割合で区別**しています。

雲の量が1割以下（0〜1割）の状態を「快晴」、2割から8割の状態を「晴れ」、9割以上の状態を「くもり」。ということは、**空の8割が雲で覆われていても「晴れ」**なのです。

では、晴れやくもりの判定は、誰がどのように行っているのでしょう。

以前は、地方気象台や測候所の職員が目視により、晴れやくもり、雨、雪、霧などの天気や、ひょう、黄砂などの大気現象、及び視程（見通しのきく距離）を観測し、毎日定められた時間に気象観測通報として発信していました。

ところが**2019年2月1日から関東甲信地方の地方気象台を皮切りに目視が廃止され、地上気象観測装置や気象衛星ひまわりによる自動観測**に切り替わり、2024年3月26日で東京・大阪管区気象台を除く全ての気象台などが天気を自動で判別するようになりました。**機械によ**

Saita's memo

測候所　1997年から2010年にかけて自動化・無人化が行われて、現在は帯広・名瀬の2カ所のみとなった。

る観測によって、省力化が図られたわけです。

ただ、衛星からの画像では上層雲の下にある雲の量は捉えられないし、機械では降水や大気中を飛散する粒の大きさも判別は難しいため、天気の快晴、薄ぐもり、大気現象の雪あられ、氷あられ、ひょう、黄砂、雲量などの観測は終了し、気象庁の記録から消えました。**自動観測しているのは「晴れ」「くもり」「雨」「雪」「みぞれ」「霧」「もや」「煙霧」「雷」の**みで、「快晴」は単に「晴れ」と記録されています。

機械化は時代の流れなのかもしれませんが、長年蓄積してきたデータが途切れることになるため、気象の仕事に携わる1人として残念に思っています。

天気予報番組で使われる天気マークの一部

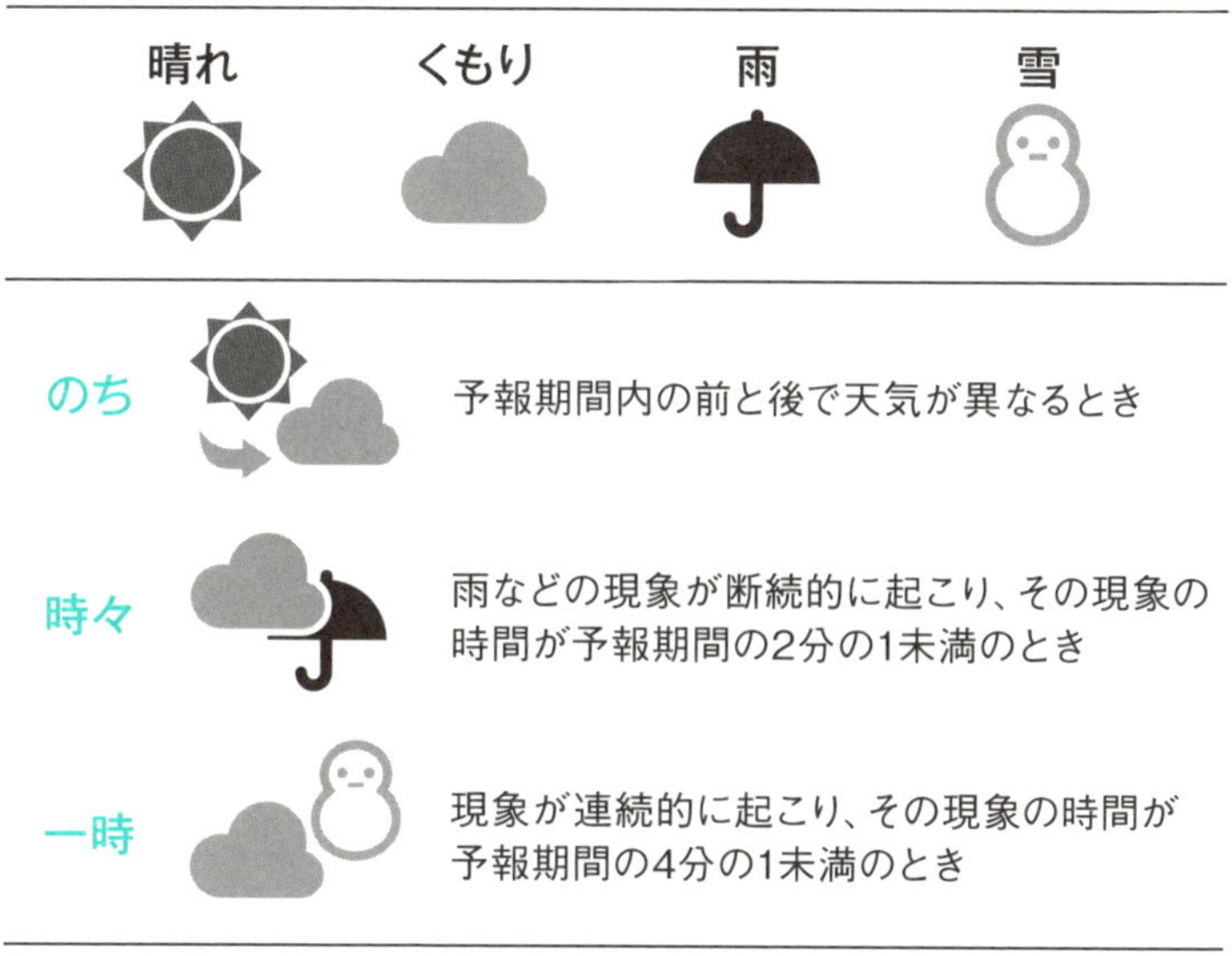
晴れ
くもり
雨
雪
のち
予報期間内の前と後で天気が異なるとき
時々
雨などの現象が断続的に起こり、その現象の時間が予報期間の2分の1未満のとき
一時
現象が連続的に起こり、その現象の時間が予報期間の4分の1未満のとき

天気予報に使われるマークは、各社が独自のマークを作成して使用している

雲の形はいろいろ

空には、さまざまな形の雲が浮かんでいます。まったく同じ形のものはありませんが、**見た目や性質、高さなどから10種類に分類したのが、十種雲形**《じっしゅうんけい》です。名前に使われている漢字は「雲」以外に「積」「層」「巻」「高」「乱」の5種類しかなく、雲の特徴が文字で表現されています。

「積」は、積雲や積乱雲のようにモクモクと上空に発達する雲、「層」は巻層雲や高層雲など横に層状に広がる雲です。「巻」は高い空に発生する上層雲、「高」は中くらいの高さに発生する中層雲であることを表しています。「乱」がつく雲は、雨や雪を降らせる雲で、積乱雲や乱層雲があります。

雲ができる場所はどんな所でしょうか？　ひと言で言えば、**水蒸気を含んだ空気が上昇している所**です。空気の中に含むことができる水蒸気の量は温度が高くなると多く、温度が低くなると少なくなります。空気は１００ｍ上昇すると約０・６℃下がるため、空気が上昇を続けると、水蒸気から小さな水滴や氷ができます。これが雲や雨のもとになります。

では、空気が上昇する場所はどんな所でしょうか？

低気圧や台風など気圧が低い所に集まってきた空気は上昇するしかありません。前線などで暖かい空気と冷たい空気がぶつかると、暖かい空気のほうが軽いため上昇します。晴れた日に、地表が日差しで熱せられると空気が軽くなって上昇します。山に向かって風が吹くだけで、空気は斜面を上昇することになるため、山の天気は変わりやすいのです。

雲　10種

上層雲

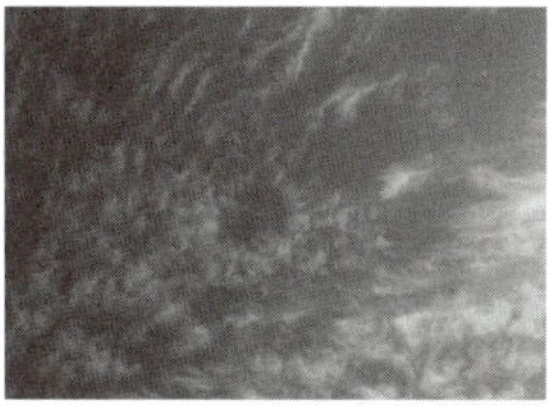
巻雲

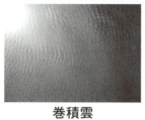

巻積雲

巻層雲

中層雲

高積雲

高層雲

乱層雲

下層雲

積雲

積乱雲

層雲

層積雲

（札幌管区気象台「いろいろな雲」をもとに作成）

10㎜の雨は「たった1㎝」ではない？誤解されている天気予報の数々

よく天気予報が伝える「1時間に○㎜の雨」や「秒速○mの風」という表現。例えば「1時間に10㎜の雨が降ります」と言われても、その量が多いのか少ないのか想像が難しいかもしれません。10㎜と言えば〝たった1㎝〟。そのくらいの深さの水たまりは、雨の日の道路のあちらこちらにありそうですが…。

1時間に10㎜の雨（1時間雨量10㎜）は、降った雨が流れ出ずにたまった場合の水の深さを表しています。気象庁の天気予報用語では、1時間雨量10㎜以上～20㎜未満を「やや強い雨」と表現します。やや強い雨というのは、「ザーザーと降る」感じで、「地面からの跳ね返りで足元がぬれる」くらいの降り方です。そして、「地面一面に水たまりができる」ようになります。**地面一面が1㎝の水で覆われた光景を想像してみてください。たった1㎝の水たまりでは済まないことがわかる**と思います。

大雨注意報や洪水注意報の注意報。例えば**大雨注意報は**、大雨による土砂災害や浸水害が発生するおそれがあると予想したときに気象庁が発表します。**大雨が降るから雨具の準備をしてくださいという注意ではなくて、土砂災害や浸水害が発生するおそれがある**という注意なのです。雨が止んでいるのに**注意報が解除されないのは、土砂災害などのおそれが残っている**からです。

雨の強さと影響

<table>
<tr><th>1時間雨量(㎜)</th><th>予報用語</th><th>人の受けるイメージ</th><th>人への影響</th><th>屋内（木造住宅を想定）</th><th>屋外の様子</th><th>車に乗っていて</th></tr>
<tr><td>10以上〜20未満</td><td>やや強い雨</td><td>ザーザーと降る</td><td>地面からの跳ね返りで足元がぬれる</td><td>雨の音で話し声が良く聞き取れない</td><td rowspan="2">地面一面に水たまりができる</td><td></td></tr>
<tr><td>20以上〜30未満</td><td>強い雨</td><td>どしゃ降り</td><td rowspan="2">傘をさしていてもぬれる</td><td rowspan="4">寝ている人の半数くらいが雨に気がつく</td><td>ワイパーを速くしても見づらい</td></tr>
<tr><td>30以上〜50未満</td><td>激しい雨</td><td>バケツをひっくり返したように降る</td><td>道路が川のようになる</td><td>高速走行時、車輪と路面の間に水膜が生じブレーキが利かなくなる（ハイドロプレーニング現象）</td></tr>
<tr><td>50以上〜80未満</td><td>非常に激しい雨</td><td>滝のように降る（ゴーゴーと降り続く）</td><td rowspan="2">傘は全く役に立たなくなる</td><td rowspan="2">水しぶきであたり一面が白っぽくなり、視界が悪くなる</td><td rowspan="2">車の運転は危険</td></tr>
<tr><td>80以上〜</td><td>猛烈な雨</td><td>息苦しくなるような圧迫感がある。恐怖を感ずる</td></tr>
</table>

（気象庁「雨の強さと降り方」をもとに作成）

1時間雨量が50㎜では傘が役に立たないので、安全な建物で雨宿りするしかない

だから**「注意報は気にしなくて大丈夫。警報が出てから考えればよい」というのは誤解**。あとで説明する「警戒レベル」（131ページ）では、大雨注意報、洪水注意報、高潮注意報（警報に切り替える可能性に言及されていないもの）は、「警戒レベル2相当」になるため、ハザードマップなどを見て、災害が想定されている区域や避難先、避難経路を確認することが求められています。また、「記録的短時間大雨情報」は、災害が起きる一歩手前か起きている危険な状況です。すぐに身の安全を確保してください。

降水確率も誤解されやすい予報です。降水確率が高ければ、雨の降り方も強まるイメージがあるかもしれませんが、そうとは限りません。**降水確率は、指定された時間帯の間に1㎜以上の降水がある確率**のこと。降水確率50パーセントなら、50パーセントの予報が100回出されたとき、およそ50回は1㎜以上の降水があるという意味です。降水確率100パーセントの予報が出ているとき、**実際に降る雨は1㎜かもしれないし、100㎜かもしれません**。

気象キャスターは、視聴者の皆さんに天気予報が正しく伝わるようにさまざまな工夫をしています。この章では、予報用語の決まり、気象キャスターは何を伝えようとしているのか、天気予報は出かけるときに傘が必要かどうかにとどまらず、防災やビジネスへ活用の幅が広がっているといった**「気象を学ぶことの大切さ」**について紹介したいと思います。

近年は大規模な災害が各地で起こっていますが、気象を学ぶことで皆さんが災害から逃れられる可能性が高まります。そのために、この本の各章を活用してください。

memo 記録的短時間大雨情報 数年に一度しか発生しないような短時間の大雨が降ったときに発表される。

降水確率予報と季節予報の違い

降水確率予報の例

60%　40%

「降水確率60%」という予報を100回発表すると、
約60回で1㎜以上の降水がある

「降水確率60%」という予報を100回発表すると、
約40回で1㎜以上の降水がない

季節予報の例

60%　40%

「低い確率60%」という予報を100回発表すると、
約60回で平年に比べて気温が低くなる

「低い確率60%」という予報を100回発表すると、
約40回で平年に比べて気温が低くならない

30%　10%

平年に比べて気温が低くならない約40回のうち、約30回で平年並の気温となる

平年に比べて気温が低くならない約40回のうち、約10回で平年に比べて気温が高くなる

（気象庁「降水確率予報との比較」をもとに作成）

降水確率予報では1㎜以上の雨が「降る」「降らない」の2つだけなので、
「降る」に対する確率のみ発表。
季節予報は「低い」「平年並」「高い」の3つに対するものなので、
それぞれに対して確率を示す

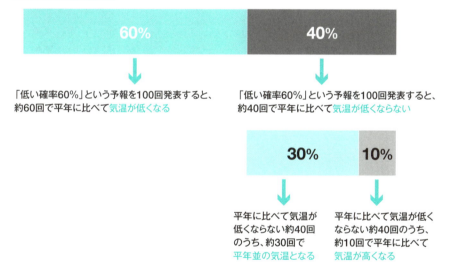

正しく天気予報が伝わるように予報の用語にはきちんとした決まりがある

「未明《みめい》」と聞いて、1日のうちのいつ頃の時間帯を思い浮かべますか？　国語辞典には「夜がまだ明けきらない時分」（角川新国語辞典）と説明されています。空を見上げるとまだ暗いけれど、そろそろ明るくなりそうだという日の出前頃でしょうか。

NHKでは未明を「午前0時〜3時頃までの事件をニュースなどでとりあげるとき」（NHKことばのハンドブック）としています。

実は、私たち気象予報士が天気予報を伝える番組、NHKなら「気象情報」でも未明を「午前0時から午前3時頃まで」の意味で使っています。こちらはNHKではなく、気象庁の「予報用語」で決まっているからです。

このように**天気予報で使う予報用語は一つひとつ定義があって、どの局の天気予報でも、誰が伝えても、未明と言えば「午前0時から午前3時頃まで」**です。

未明に続き、「明け方」は3時頃から6時頃まで。「朝」は6時頃から9時頃まで。ただ「朝の最低気温」と言うときは0時から9時を指します。「昼前」は9時頃から12時頃まで。「昼過ぎ」は12時頃から15時頃まで。「夕方」は15時頃から18時頃まで。「夜のはじめ頃」は18時頃か

1日の時間細分図
（府県天気予報の場合）

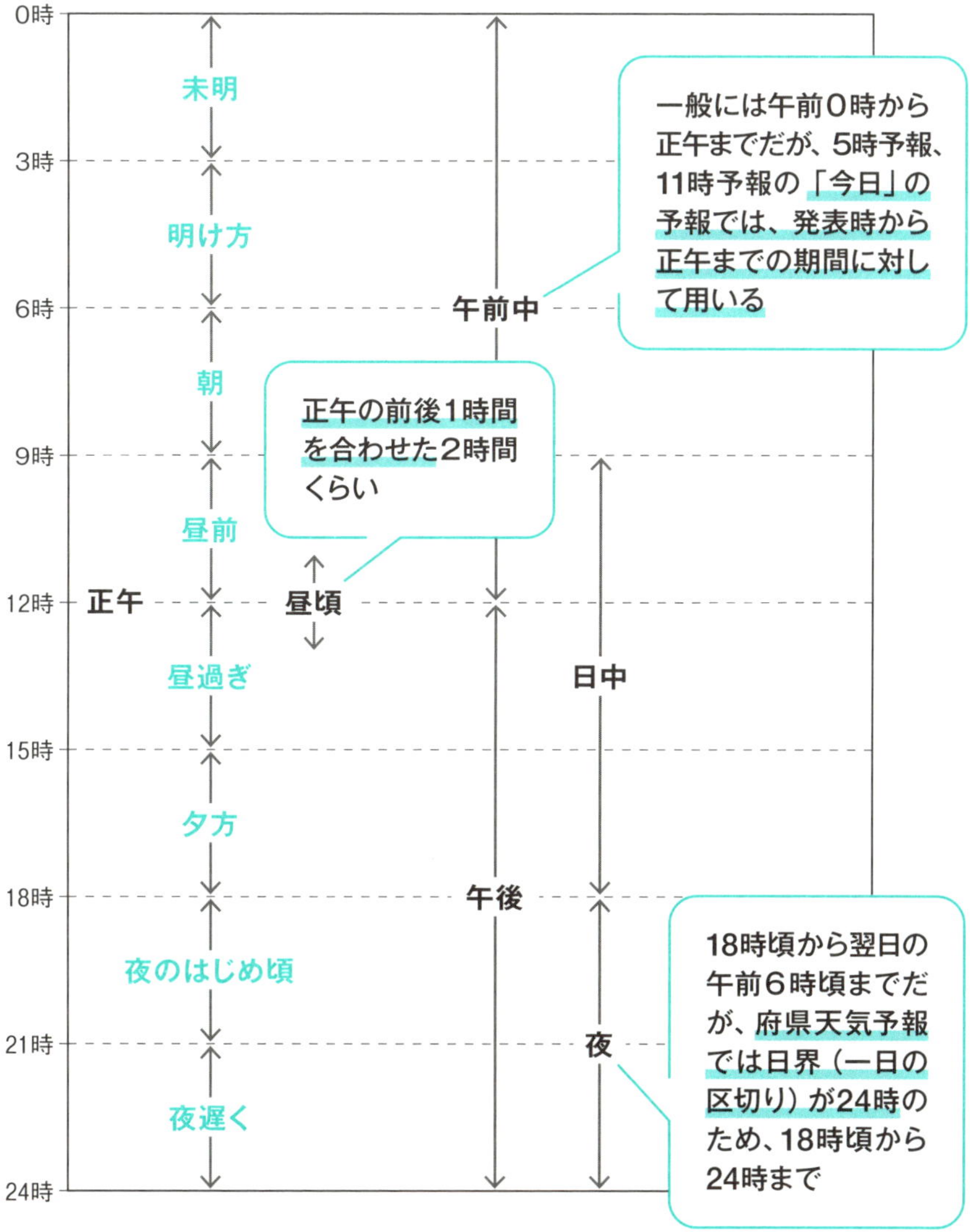

（気象庁「1日の時間細分図（府県天気予報の場合）」をもとに作成）

ら21時頃まで。「夜遅く」は21時頃から24時頃まで――というように天気予報は3時間ごとに分けて伝えているので、この時間分けを知らずに「昼前から雨」という予報を聞いて、9時頃から雨が降り出すと「天気予報が外れたじゃないか」と腹が立つかもしれません。普段の生活では9時頃を昼前と言うことはあまりありませんから。

くもり一時雨、くもり時々雨の「一時」と「時々」も区別がつきにくいかもしれません。予報用語では、**一時は「現象が連続的に起こり、その現象の発現期間が予報期間の¼未満のとき」。時々は「現象が断続的に起こり、その現象の発現期間の合計時間が予報期間の½未満のとき」**。

わかりやすく言えば、予報期間を24時間とすると、**くもり一時雨は、連続して6時間未満の雨の時間帯があると予想されている**ということ。1日のうちで6時間近く雨が続くと、今日の天気は雨だったと思うかもしれません。

くもり時々雨は、断続的に12時間未満の雨の時間があると予想されているということです。多くの人は降ったり止んだりと感じるでしょう。

付け加えると、「のち」は、「予報期間内の前と後で現象が異なるとき、その変化を示すときに用いる」ので、くもりのち雨なら、予報期間の前半がくもりで、後半が雨ということです。

天気予報の番組で用いるマークも、それぞれの予報に対応して表現が決まっています。NH

Kの気象情報では、一時と時々で晴れを表す太陽やくもりの雲や雨の傘マークの大きさを変えたり、のちを矢印で表したりしています。

このように、**天気予報には間違って伝わらないように、いろいろな決まりがあります。**その決まりを知ることが、上手に天気予報を活用して快適な生活を送ることにつながります。

でも、いますぐ予報用語を覚える必要はありません。この本を読み進めていくうちに、自然に頭に入ると思います。

私たちの**日常生活では、今日は晴れかくもりかということよりも、雨が降るかどうかのほうが気になると思います。洗濯物が外に干せるのかどうか、外出するときには傘が必要になるのかどうかがいちばんの関心事**だと思います。

でも、晴れかくもりかを気にする人たちもいるんですよ。

私は星空案内人（星のソムリエ）の資格を持っているのですが、**星を見ることを楽しむ人にとっては、雨はもちろん困るのですが、雲が多いかどうかも大事**なのです。夜空にどういう雲がかかるかによって、星が見えたり見えなかったりするからです。

Saita's memo　星空案内人（星のソムリエ）　宇宙・天文分野、特に星空についての知識や解説技能を有することを認定する、民間の資格。

「気象」と「天気」と「天気図」天気予報で使われる意味の違い

「気象」と「天気」。同じような印象を受けるかもしれませんが、気象業務法では**「気象」とは、大気（電離層を除く。）の諸現象**を言うとあります。つまり、地球をとりまく大気（いわゆる空気）の状態、大気の中で起こる雨・風・雪などの現象のことです。**天気は、「気温、湿度、風、雲量、視程、雨、雪、雷などの気象に関係する要素を総合した大気の状態」**（気象庁）のこと。つまり10分、1時間、1日、1週間というような短い期間の大気の状態がどう変化するのかを伝えるものが天気予報と言えるでしょう。

天気の状態を地図上に記号や曲線で書いたものが天気図です。天気図の曲線は、気圧の同じ場所（4hPa（ヘクトパスカル）ごと）を結んだ「等圧線」。「高（H）」は「高気圧」、「低（L）」は「低気圧」、周囲と比べて気圧が高いか低いかを表していて、全国の大まかな天気を知ることができます。

高気圧は中心付近に下降気流があり、地上付近では風が中心から外に向かって時計回りに吹き出しています。低気圧は地上付近で風が反時計回りに中心に向かって吹き込み、上昇気流をつくっています。この上昇気流によって雲が発生します。前線は暖かい空気と冷たい空気の境界線です。暖かい空気が冷たい空気の上に移動する流れが起こるため、前線付近も上昇気流が起きて雲が発生します。

天気図の見方

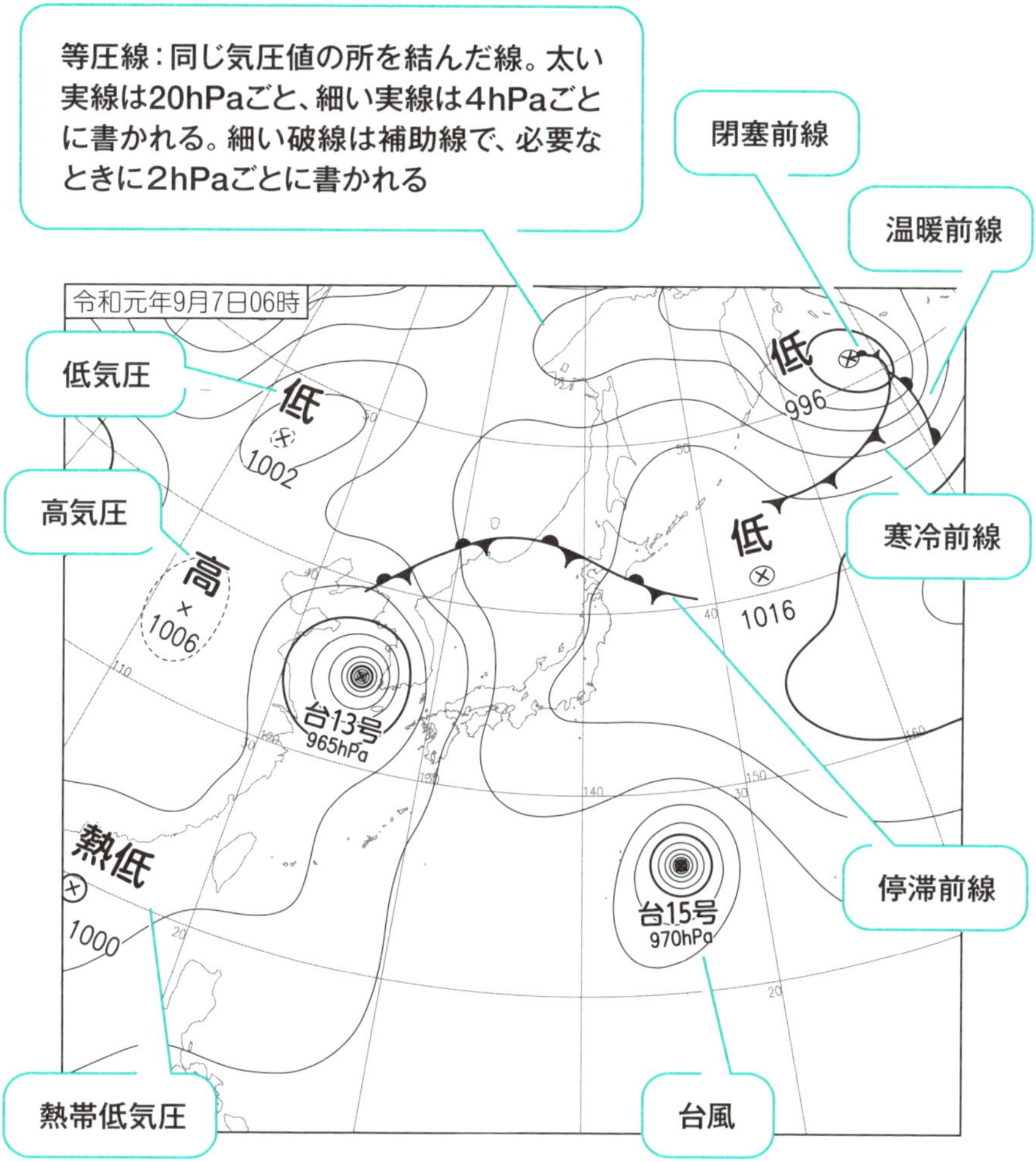

（気象庁「予想天気図の説明」をもとに作成）

天気図に使われる主な記号

記号	解説
高	高気圧
低	低気圧または低圧部
熱低	熱帯低気圧
台〇〇号	台風
×	高気圧や低気圧などの中心位置
気圧 （1018などの数字）	高気圧や低気圧などの中心気圧（hPa）
	寒冷前線
	温暖前線
	停滞前線
	閉塞前線

（気象庁「予想天気図の説明」をもとに作成）

天気図の記号のうち、覚えにくいのが前線の種類。
寒冷前線 は下向きの三角、温暖前線 は上向きの半円、
動きがあまりない 停滞前線 は半円が上向きで三角が下向き、
閉塞前線 は上向き半円と三角で表す

高気圧と低気圧の違い

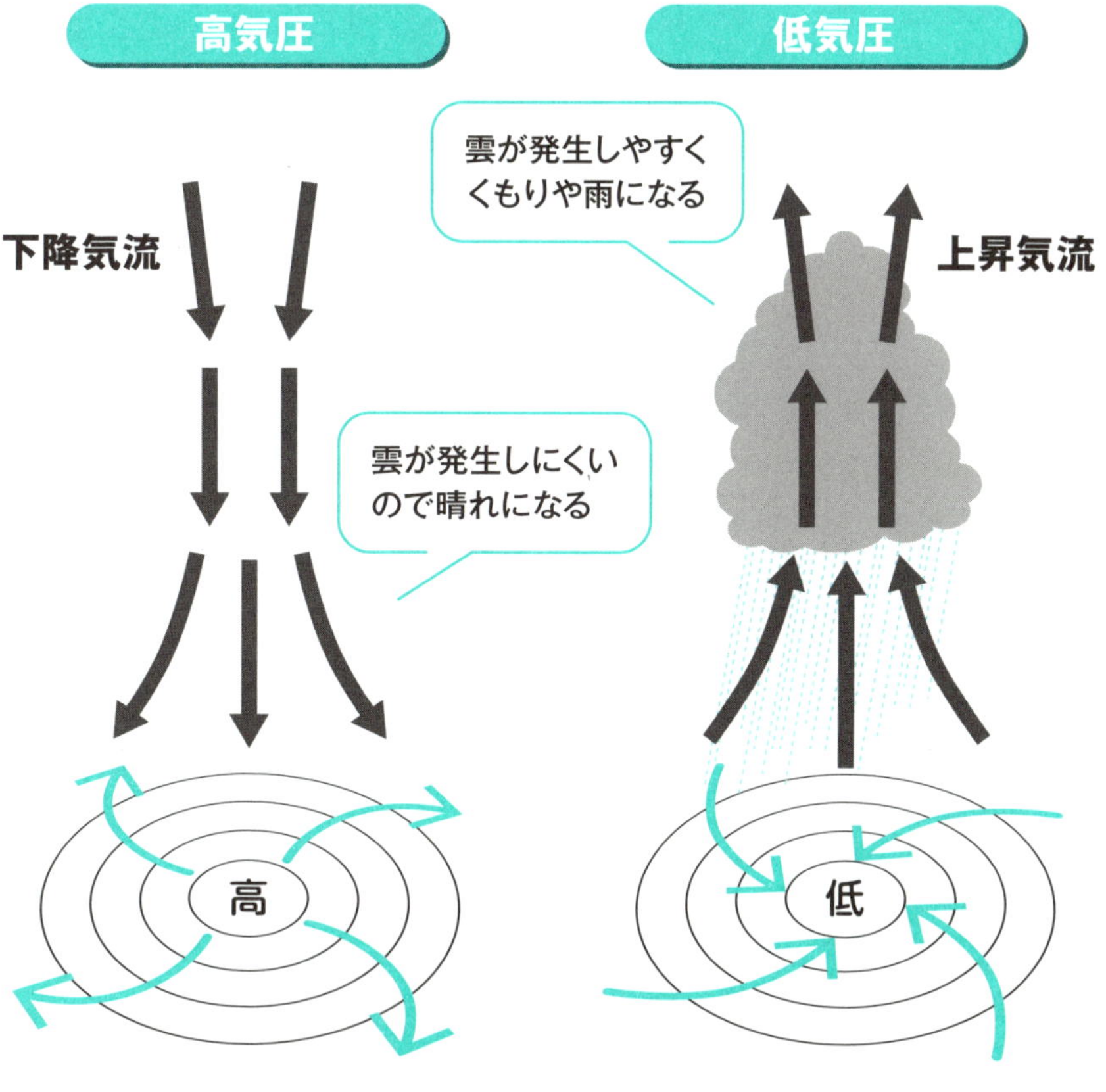

高気圧に覆われた場所は下降気流が発生するため、
雲がなくなり晴れやすくなる。
低気圧のある場所では上昇気流が発生する。
空気が上昇すると気温が下がり、
空気中の水蒸気が水に変わって雲になり雨が降り出すことがある

自然現象を見て天気を予想する観天望気や言い伝えは信じられるのか

秋田地方には「晩秋のブユ（ブヨ・ブトとも）が多く出るときは雨」「ミミズが地面をはうと晴れ」、千葉の浦安の漁師さんたちの間には「東風《こち》吹けば雨」「雲の波立ちは雨の兆し」という言い伝えがあるそうです。このような言い伝えは、その地域の人が雲や風、動物の行動など身の回りの自然現象を見たり感じたりして天気を予想する観天望気から生まれたもの。昔の人たち、特に天候に左右されやすい漁業や農業に携わる人たちは、長年の経験を積み重ねた観天望気をことわざ、天気俚諺《てんきりげん》（言い伝え）として受け継いできました。

観天望気には、科学的に根拠があるものもあれば、迷信のようなものもあります。

科学的な根拠があって、私が**おすすめするのは「太陽や月に光の輪がかかると雨」**。きれいな現象を見ることができ、しかも天気の変化がわかります。

この**光の輪は、上空に薄い雲が広がっているときに発生する「ハロ」と呼ばれる大気光学現象**で、太陽の周りにできると「日暈《ひがさ》」、月の周りにできると「月暈《つきがさ》」とも言います。低気圧や前線が西から近づいてくるときは、まず上空に薄い雲が広がって（ここでハロが見える）、しだいに雲が厚くなり、雨が降ることが多いため、**天気が崩れる前触れ**と言えます。

Saita's memo

大気光学現象 ハロや虹、彩雲など。太陽や月の光が大気中の水滴や氷晶で反射、屈折、回折して起こる。

もう1つ、知っていて役に立つのは**「雷三日《かみなりみっか》」**。夏に雷が発生すると、3日ほど続くことが多いのです。夏は上空に寒気が流れ込むことで、大気の状態が不安定となって雷雲（積乱雲）が発生しますが、夏は上空の流れが遅く寒気が3日ほどかけて通過するため、雷が発生しやすい状況も3日ほど続くことになります。

「ツバメが高く飛ぶと晴れ、低く飛ぶと雨」のように**動物に関するものもありますが、こちらは根拠が乏しく、迷信のようなものが多い**と感じています。

「ツバメが高く飛ぶと晴れ、低く飛ぶと雨」は、理由として「雨が近づき、空気が湿っぽくなって湿度が上がると、ツバメの餌であるガ、チョウなどの虫の羽が水を含んで重くなり、低い所を飛ぶようになるので、餌を求めるツバメも低い場所を飛ぶことになる」と言われます。でも、湿度が高いだけで雨が降るというのは少々乱暴な気がしますし、途中にツバメや虫の行動も入っているため、**天気とは別の不確実な要因を含んでいる**ことになります。天気予報としてはあてにならないと思います。

天気は大気の状態ですから、どんな雲があるかを見たり、どんな風が吹いているかを感じたりすることが大事で、そのような状態になっているのには必ず理由があります。

私は朝起きたら、ベランダに出て空を見上げ、昨日予想したイメージ通りの天気かどうかを確認しています。違っていたとすれば、何がどう違っていたのかを検証して、今後の予想に活かすようにしています。机の上で資料を見るだけでなく、空を見上げることが大事なのは、今も昔も変わらないのです。

そもそもの気象学の基本となる大気の構造を知る

私たちが暮らす地球は「大気」という空気の層に守られています。大気が太陽の光や熱を吸収して、生物が暮らせる環境を保っています。同時に、**大気は生命にとって有害なX線や紫外線などの電磁波が地上に届くのを防いでくれています**。

大気は地表から上に向かって「対流圏」「成層圏」「中間圏」「熱圏」の4つの層に分かれています。対流圏は、太陽からの熱で地表が暖められるため、上空との温度差によって空気が上下に動いて混ぜられています。天気を左右する雲のほとんどは、この対流圏で発生しています。成層圏にはオゾン層があって、太陽からくる紫外線を吸収するため、温度は上空へ行くほど高くなっています。中間圏は、対流圏と同じように上空のほうが温度が低く、夜光雲《やこううん》が発生することがあります。また、宇宙からくる隕石の多くは、この中間圏において空気との衝突によって光を放って燃え尽き、流れ星になります。熱圏は上空へ行くほど温度が上がりますが、気圧が地表の100万分の1程度で空気がごくわずかしかないため、熱さを感じることはありません。

大気がほとんどなくなる上空100㎞より先が「宇宙」。オーロラが輝いている高さも、この上空100㎞から500㎞くらいだと言われています。また、上空60㎞から1000㎞の間

Saita's memo

夜光雲　中間圏にできる特殊な雲。太陽が地平線付近にあるときに下から日が当たり、青白く輝いて見える。

は、原子や分子が紫外線やX線によって電離して、電気を帯びています。ここは「電離圏（電離層）」と呼ばれ、電波を反射する性質があるため、短波帯などの電波を用いた遠距離通信や放送に利用されています。ちなみに、国際宇宙ステーションは約400km上空で地球を周っていますが、気象衛星ひまわりは赤道上空約3万5800kmにとどまって地球を観測しています。

大気の流れ

　地球は球体なので、同じ面積が受ける太陽からの熱の量は、緯度によって異なります。赤道付近が最大、北極や南極が最小になりますが、この熱による温度差を減らすように「大気の流れ」が起こります。

　赤道付近で上昇した空気は、北極や南極まで直接運ばれるのではなく、3つの

大気の構造

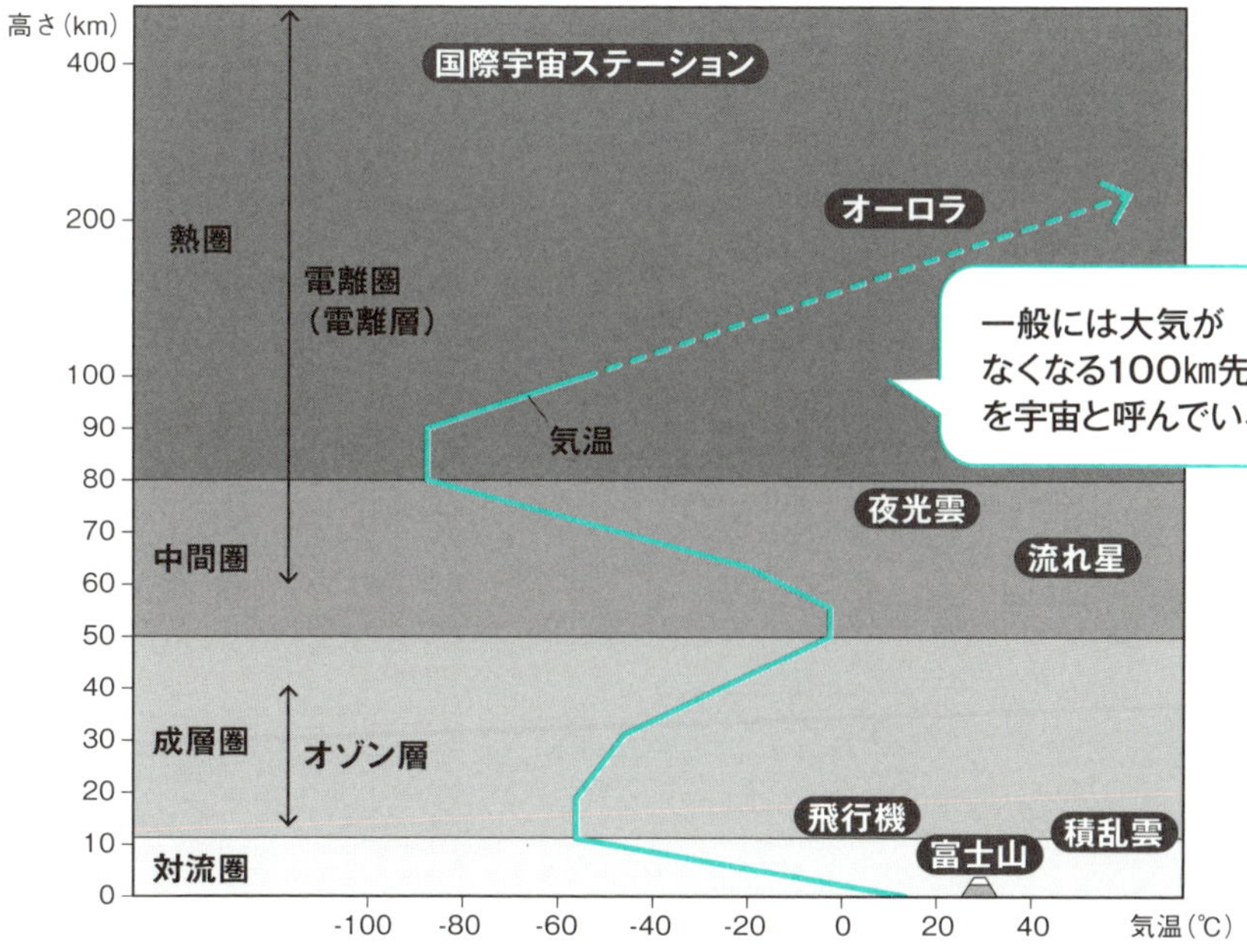

Saita's memo
電離　原子核の周囲の電子が原子核から離れ、正の電荷を持つイオンと、負の電荷を持つ電子に分かれること。

空気の循環によって熱が移動します。これに伴って、赤道をはさんだ北と南で「貿易風」、中緯度地帯に「偏西風」、北極や南極の近くは「極偏東風」が吹いています。

風の進む方向は「コリオリ力」によって西や東に曲げられます。コリオリ力とは地球の自転によって地球上を移動する物体に対して働く力で、高緯度ほど大きくなります。日本がある北半球では、風は進行方向に対して右向きに曲げられるため、高気圧から吹き出す風は時計回り、低気圧に吹き込む風は反時計回りになっています。大気の流れが雲をつくり、地上の天気を形作っています。

気圧とは

上空にある空気の重さから生まれる力が「気圧」です。地表付近で暮らす私たちには、約1気圧（1013hPa）の力がかかっています。これは1㎠当たり、約1kgの重さですが、体の中からも同じ強さの力がかかるため、重さを感じることはありません。高い山などに登ると、上にある空気の量が少なくなるため、気圧は低くなります。お菓子の袋などがふくらむのは、外の空気が押す力よりも中から押す力のほうが大きくなるからです。

気象学は日々の生活に直結した学問であり、天気予報はすぐに答えがわかる謎解きゲームのような側面もあります。私自身、気象予報士として毎日、空を見上げるようになってから見えないものが認識できるようになってきました。そこに雲があるのはなぜか？　上空にどんな風が吹いているのか？　そこには理由があって、予測することが可能なのです。

Saita's memo

大気循環① 自転の影響を受けた地球規模の空気の移動のこと。3つの循環があり、極循環は高緯度帯（約60度以上）での大気の循環。

大気の流れ

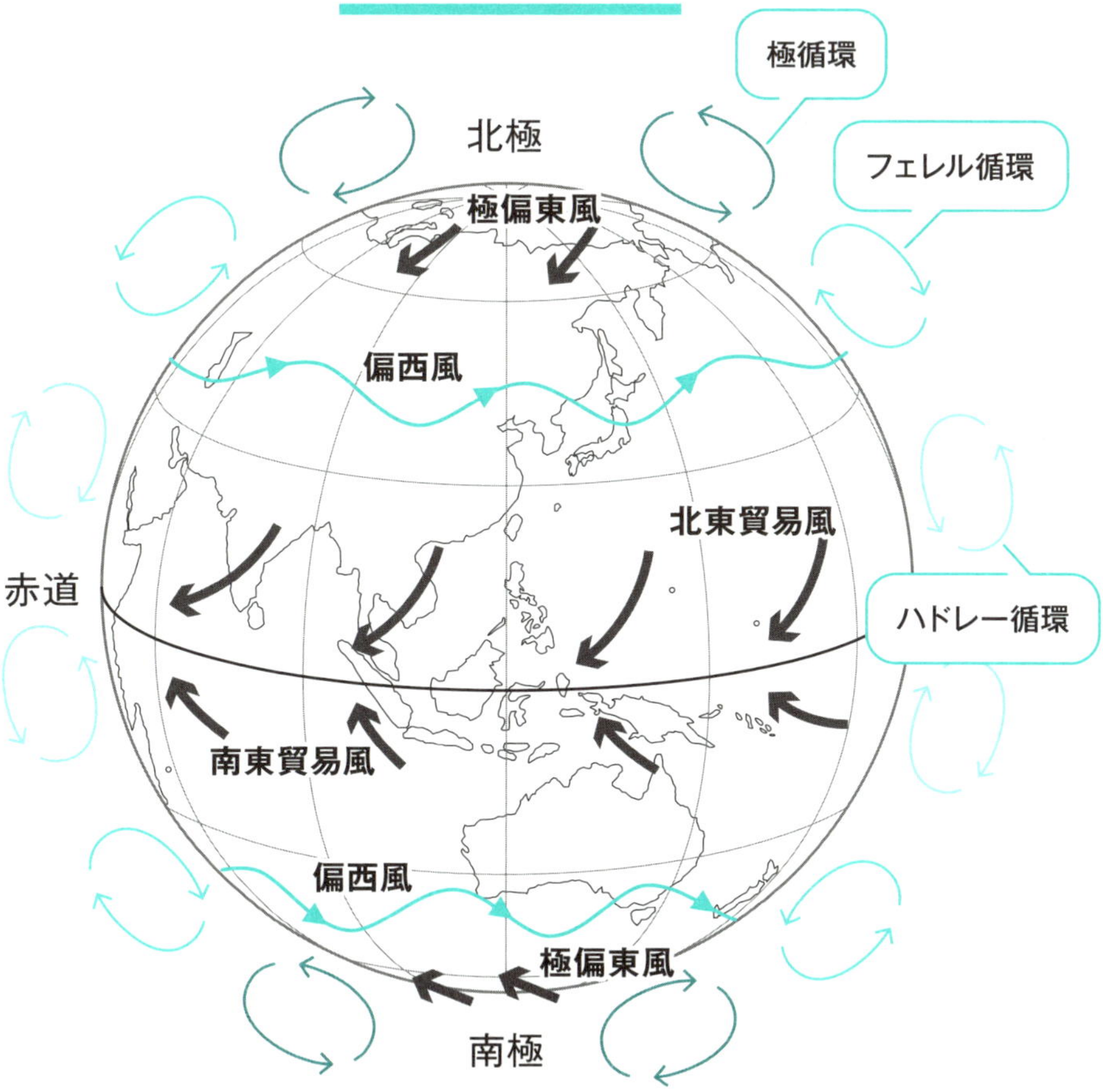

赤道付近で上昇した空気は、
北極や南極まで直接運ばれるのではなく、
3つの空気の循環によって熱が移動する

Saita's memo

大気循環② 極循環とは逆に低緯度帯(約30度以下)での大気の循環をハドレー循環、両者の中間程度の緯度をフェレル循環と言う。

天気・気象をどうして知らないといけないのか

天気は、私たちの日々の生活に密接に関わっています。傘を持っていくかどうか、上着を着ていくかどうか、といった行動に影響するだけでなく、雨が降ると何となく気分が優れない、頭が痛くなるなど心身に影響する人も多いと思います。歌詞にも「青空」や「虹」などの気象用語が出てきますし、天気や気象のことをまったく考えない日はないでしょう。

天気予報が始まった頃は、空を見上げて雲の形や動きから明日の天気を予想していましたが、さまざまな観測データの蓄積やコンピューターを使って大気の状態などをシミュレーションする数値予報のような科学技術の進歩によって随分先まで精度よく予想することが可能になってきました。天気の長期的な予想は、農作物の栽培へのリスクを減らしたり、天気や気温で売れ行きが変動したりする商品の生産量・仕入れ量の予測にも役立っています。気象データは今後、ＡＩ（人工知能）のような最新技術の進歩に伴い、さらなる有効活用が見込まれています。

一方で、近年は地球温暖化や都市化の影響で気温が上昇し、大雨や台風など自然災害のリスクが高まっています。私たちの命や財産を守るために、気象庁から**キキクル（警報の危険度分布）や線状降水帯の予測など新たな情報が提供されていますが、十分に活用されていないのが現状**です。

Saita's memo
太陽フレア　太陽の表面で起こる巨大な爆発現象。

気象や防災の情報を活かすためには、日頃からの備えと行動が必要です。

文明が進化することによって、新たな災害も生まれています。

２０２４年5月、太陽フレアと呼ばれる現象が頻発し、日本の広範囲でオーロラが見られたことで話題になりました。でも、喜んでばかりはいられません。太陽フレアや磁気嵐など「宇宙天気」の影響によって、宇宙飛行士の被ばくや人工衛星のトラブル、通信や電力の障害などが起こることがわかってきました。

近い将来、車の自動運転やドローンによる配送など、衛星による高精度衛星測位システム（ＧＮＳＳ）の利用が増加すれば、太陽活動がＧＮＳＳに悪影響を与え、地球上で大きな事故を引き起こす可能性があります。

また、現在の防災対応はスマートフォンなどの電子機器に頼っている側面があるため、宇宙天気によるインフラへの影響とほかの災害が重なることで被害が拡大するおそれがあります。**紫外線情報や熱中症情報と同じように、「宇宙天気」の情報を天気予報の中で伝える未来はすぐそこまできています。**

天気予報はよりよい未来を生きるためにあります。

毎日の生活や健康、仕事、そして私たちの命そのものに大きく関わっている天気・気象を知ることで、明日からの暮らしがより充たされることになるでしょう。

Saita's memo

磁気嵐 地球をとりまく地磁気の強さや方向が変化する現象。

天気だけでなく防災やビジネスへ活用の幅が広がっている

東京気象台（現在の気象庁）で初めて天気図が作製されたのは、１８８３（明治16）年２月16日。作製を指導したのは、船員として来日し東京気象台に雇い入れられたドイツ人気象学者エルヴィン・クニッピングです。この日から毎日１回午前６時の気象電報を全国から収集して天気図を作製。３月１日からは毎日の天気図の印刷配布が始まりました。また、５月26日には東京気象台で初めて暴風警報が発表されました。

そして１８８４（明治17）年６月１日、天気予報が一般向けに毎日３回発表されました。毎日３回の発表はこのときから変わっていません。ただ、当時は気象の観測点が少なかったので、天気図上に等圧線はたったの３本しかありませんでした。

この最初の天気予報は「全国一般風ノ向キハ定リナシ天気ハ変リ易シ但シ雨天勝チ」という**日本全国の予想をたった1つの文で表現**する大雑把なものでした。

日本初の天気予報は、東京の警察の派出所などに掲示されただけだったので見られる人はあまり多くありませんでした。**新聞に天気予報が掲載されるようになったのは1888（明治21）年**、天気予報が24時間先まで延長されたこともあって、普及するきっかけになりました。

さらに、１９２５（大正14）年にラジオ放送が開始されると、天気予報が全国各地の家庭に

日本初の天気予報発表時の天気図

（気象庁「気象庁の歴史」をもとに作成）

1884（明治17）年6月1日から毎日3回の全国の天気予報が発表された。この天気図は日本初の天気予報発表時（6時）の天気図

伝わる情報の1つとして、生活に密着するようになってきました。

1953（昭和28）年にテレビ放送が開始され、1955（昭和30）年には、日本電信電話公社（現在のNTT）が「177」の天気予報電話サービスを始めるなど、さまざまなメディアで天気予報が伝えられるようになりました。

ただし、**昭和の時代の天気予報は気象庁だけが発表するもの**でした。まだインターネットがない時代だったので、テレビ、ラジオ、新聞が気象庁の予報をそのまま伝えていました。**どのメディアを見ても、天気予報の中身は同じ**だったのです。

そんな時代が長らく続いていたのですが、1993年に気象業務法が改正されて大転換が起こります。**「天気予報の自由化」です。**

天気予報の自由化により、**民間気象情報会社（予報業務の許可事業者）が一般向けに独自予報を発表できるようになった**のです。**同時に「気象予報士」制度**が始まり、1994年に第1回の気象予報士試験が実施されました。

「天気予報の自由化」のポイントは一般向けというところ。それ以前にも、気象庁長官の許可を受ければ民間の会社が独自の予報業務を行うことができました。

ただし、それは特定の相手（契約した企業など）に限られていて、一般向けの予報は気象庁の発表をわかりやすく伝えることでした。天気や気温などの予報を基に計算した洗濯物の乾きやすさを表す「洗濯指数」などは予報には当たらないため、生活に役立つ情報として、天気予報の自由化の前から一般向けに発表されています。

気象庁のウェブサイトによると予報業務許可事業者は約90社（者）。気象予報士となるためには、気象業務支援センターが実施する気象予報士試験に合格し、気象庁長官の登録を受けることが必要で、登録者数は1万2095人（2024年3月29日現在）になっています。

気象予報士の誕生から約30年が経ち、気象予測の発展と利用価値の高まりによって、新たな資格が2つ誕生しています。

自治体の防災の現場で即戦力となる者として気象庁が委嘱する**「気象防災アドバイザー」**制度が2017年に始まりました。

対象は、気象庁退職者や気象予報士の資格を有し、気象庁が実施する気象防災アドバイザー育成研修を修了した者。大雨や台風などの気象予報士の試験範囲だけでなく、地震・津波や火山現象も内容に含まれ、予報の解説から避難の判断までを一貫して扱うための実践的なカリキュラムです。私は2023年度に受講しました。

もう1つは**「気象データアナリスト」**。企業におけるビジネス創出や課題解決ができるよう、気象データの知識とデータ分析の知識を兼ね備え、気象データとビジネスデータを分析できる人材を増やすのが目的で、2021年に始まりました。気象庁が認定した民間が実施する**「気象データアナリスト育成講座」を受講することで、誰でも学ぶ**ことができます。

気象データは、あらゆるビジネスの6割以上に影響を与えると言われていて、活用の可能性はますます高まっています。

私たちが住んでいる日本には災害がつきものだから気象を味方に付けよう

大雨で川が氾濫したり崖が崩れたり、地震による建物の倒壊や交通への影響など「自然災害」のニュースを見ることが多くなったと感じている人が多いかもしれません。

しかし、**日本はもともと世界的に見れば「多雨地帯」**であり、降水量は梅雨期と台風期に集中しているため、**雨による災害が起こりやすい地域**です。さらに日本は山地が多いため、土砂災害が起こりやすく、雨が降ると短時間で平地まで流れるため、洪水の影響を受けやすい特性があります。また、日本とその周辺で発生している地震の数は、世界で発生している地震の約1/10、活火山（噴火する可能性が高い火山）の数も世界の約1/10が日本にあるため、日本は自然災害が起こりやすいことを意識して暮らす必要があるのです。そして、忘れてはいけないのが、**台風や地震などは災害を引き起こす原因となる「自然現象」であって、人間社会に被害が生じて初めて「災害」になる**ということです。

災害対策基本法によると、災害とは「暴風、竜巻、豪雨、豪雪、洪水、崖崩れ、土石流、高潮、地震、津波、噴火、地滑りその他の異常な自然現象又は大規模な火事若しくは爆発その他その及ぼす被害の程度においてこれらに類する政令で定める原因により生ずる被害をいう」とあります。

Saita's memo

災害対策基本法　1959年9月の伊勢湾台風を契機として、防災に関する150を超える各種の法律が体系化された。

地震の起こる場所

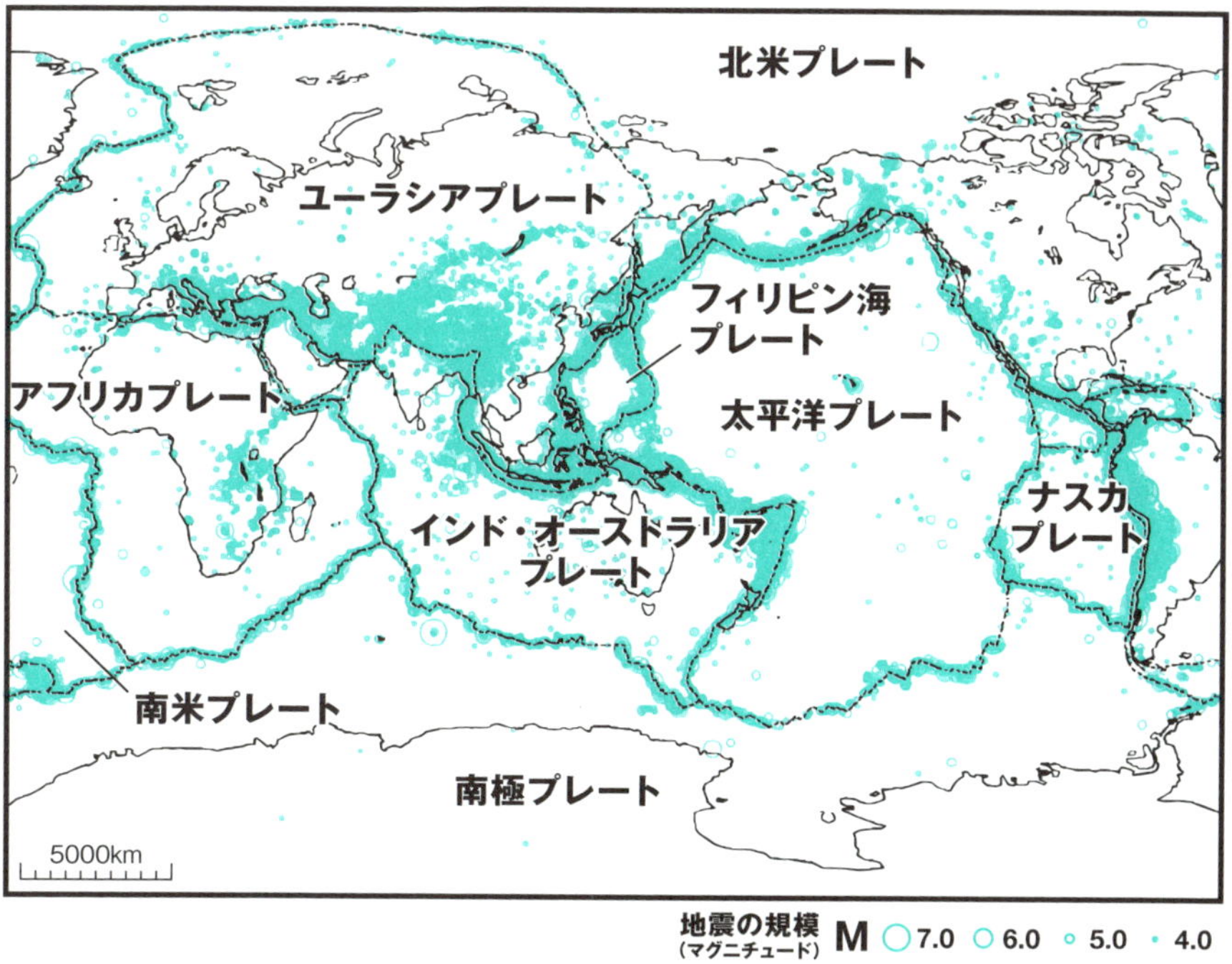

※2014～2023年の期間に発生した地震の震央分布。
点線は主要なプレート境界。震源データは、米国地質調査所による。

(気象庁「地震発生のしくみ 地震の起こる場所ープレート境界とプレート内ー」をもとに作成)

濃くなっている所が起こりやすい。
日本はプレートが重なり合っており、
地震が起こりやすいと言える

また、防災とは「災害を未然に防止し、災害が発生した場合における被害の拡大を防ぎ、及び災害の復旧を図ることをいう」と定義されています。

気象庁は、大雨や暴風などによって発生する災害の防止・軽減のため、気象警報・注意報や早期注意情報（警報級の可能性）などの防災気象情報を発表しています。

「**注意報**」は、災害が発生するおそれのあるときに注意を呼びかける予報で、16種類（大雨、洪水、強風、風雪、大雪、波浪、高潮、雷、融雪、濃霧、乾燥、なだれ、低温、霜、着氷、着雪）。

「**警報**」は、重大な災害が発生するおそれのあるときに警戒を呼びかけて行う予報で、7種類（大雨（土砂災害、浸水害）、洪水、暴風、暴風雪、大雪、波浪、高潮）あります。

また、数十年に一度しかないような非常に危険な状態にあるため、直ちに命を守るための行動をとるよう、最大限の警戒を呼びかける「**特別警報**」の6種類（大雨（土砂災害、浸水害）、暴風、暴風雪、大雪、波浪、高潮）が2013（平成25）年8月から発表されるようになりました。

「**早期注意情報（警報級の可能性）**」は、警報級の現象が5日先までに予想されるときに、その可能性を高さに応じて［高］、［中］の2段階で伝える情報で、災害への心構えを高める必要があることを知らせる情報です。

地震や火山現象は、気象現象とは違って予報をするのが難しい現象ですが、緊急地震速報や噴火速報など可能な限りすばやく知らせる情報が、気象庁から発表されています。

しかし、防災気象情報などのソフト対策は、ダムや防潮堤などのハード対策と違って、できあがれば防災の効果を発揮するものではありません。利用者に理解され、利用されて初めて効果を発揮します。

情報を活かすためには、見る側にもある程度の「知識」が必要であり、**自分だけは大丈夫という「意識」から変えていく**必要があります。

気象庁の主な防災気象情報の種類

注意報	注意を呼びかける	**16種類** 〈大雨、洪水、強風、風雪、大雪、波浪、高潮、雷、融雪、濃霧、乾燥、なだれ、低温、霜、着氷、着雪〉
警報	警戒を呼びかける	**7種類** 〈大雨、洪水、暴風、暴風雪、大雪、波浪、高潮〉
特別警報	最大限の警戒を呼びかける	**6種類** 〈大雨、暴風、暴風雪、大雪、波浪、高潮〉
早期注意情報	5日先までの警報級の現象の可能性を知らせる	［高］［中］の2段階

「1日に数分」の気象情報の中で気象キャスターが最も伝えたいこと

NHK「ニュースウオッチ9」の気象キャスターをしていると、「1日に数分間、テレビの気象情報に出演するだけの仕事なんて、楽でいいよね」と言われることがあります。テレビに映っている時間は数分間かもしれませんが、出演前の打ち合わせでは、**「今日の気象情報で何をどのように伝えるべきか」を番組スタッフと一緒に考えることに多くの時間を費やしています。**

気象情報は、前半の解説パートと後半の天気予報パートに分かれていることが多いのです。前半は、今日の伝えたい内容によって、画面を選択したり、新たに作成したりすることになります。

後半は、明日の天気、最低・最高気温、週間天気など番組によって定型の画面があって、毎日伝えるものです。

気象キャスターは、気象庁などが提供している実況や予測の資料に基づいて、全国各地の天気の全体像をつかみ、その中から「今日の放送時間」に伝えるべき内容を考えます。

私は第一に「防災情報」を優先しています。災害から命を守ることが、気象情報の最大の役割だと考えているためです。

第二に「今日との変化」を大事にしています。明日の午後から雨が降るのであれば、傘を持って出かけたほうがよいですし、今日より寒くなるのであれば、厚手の上着を用意するなど、行動の変化に役立てることができるためです。

天気マークや最低・最高気温の数字だけでは伝わらない情報も大事にしています。通常は1日の中で最も気温が低いのは朝ですが、強い寒気が流れ込んでくるときは、朝より夜のほうが気温が低くなることがあります。帰りが遅くなる人は、朝の気温に合わせた服装だと、体調を崩してしまうかもしれません。

また、「所により雨」「雷を伴う」など**予報地域の半分より狭い範囲のどこかで雨や雷雨になる場合は、天気マークには表現されません**。局地的に雨雲が発達しそうなとき、気象キャスターは**「大気の状態が不安定」という言葉**を使って、急な激しい雨や雷雨の可能性があることを伝えています。

ただし、NHK「ニュースウオッチ9」の気象情報は生放送ですから、事前に持ち時間が決められていても、ニュースの都合などで変わることがあります。いつ変更があっても臨機応変に対応するために、事前に伝えるべき優先順位を決めて、どんな事態にも対応できるように準備をしています。

天気予報で使われる、特に知っておいてほしい言葉

変わりやすい天気

晴れが続かずに、すぐにくもったり雨（雪）が降ったりする天気のこと。週間天気予報では、天気が2日程度で変わる予想のときに使う。

ぐずついた天気

くもりや雨（雪）が2〜3日以上続く天気のこと。

日本海寒帯気団収束帯

JPCZ：Japan-sea Polar airmass Convergence Zone

冬の日本海で長さ1000km程度の帯状の雪雲が発生し、本州日本海側に局地的な大雪を降らせる。大雪災害発生の危険度が急激に高まる。

線状降水帯

次々と発生する積乱雲が列をなし、線状（帯状）に伸びた地域に数時間にわたって大雨を降らせる。大雨災害発生の危険度が急激に高まる。

前線の活動が活発

前線に向かって暖かく湿った空気が流れ込むなどして、積乱雲が発達しやすい状態のこと。広範囲で大雨のおそれがある。

大気の状態が不安定

上空と地上付近の気温の差が大きく、空気の中に水蒸気が多く含まれた状態のこと。雷雲（積乱雲）が局地的に発生し、天気が急変する。

所により雨

予報地域の半分より狭い範囲のどこかで雨が降ること。テレビの画面などに雨マークは出てこないが、降った場合は弱い雨とは限らない。

暑さ指数

WBGT：Wet Bulb Globe Temperature

人体と外気との熱のやりとり（熱収支）に着目した指標。①湿度、②日射・輻射（放射）など周辺の熱環境、③気温の3つを取り入れている。

池上は、こう読んだ

私は中学生のときに気象庁の予報官に憧れていました。気象情報が好きで、NHKのラジオ第二放送で放送される「気象概況」を聞いて天気図を書いてみたりしていたのです。当時は気象予報士という資格制度はなく、気象業務法で気象庁の職員以外は天気予報をすることが禁止されていました。今ならきっと気象予報士の資格に挑戦していたでしょう。

ところが高校に入り、気象庁の職員になるには気象大学校に入らなければならないことを知って挫折しました。大気の動きは物理現象。分析するには数学や物理学の知識が必須であるからです。文科系の人間には狭き門でした。でも、気象への思いは捨てがたく、NHK社会部時代には気象庁内の書店で気象についての専門書を購入しては読みふけりました。

それだけに気象予報士の人は尊敬してしまいます。大気の流れを分析して天気を予想する。それだけでもたいへんなのに、テレビでは視聴者にわかりやすく、興味を持ってもらうような話題を話の中にちりばめなければならないからです。季節ごとに、どんな話をするのか。その内容によって、気象予報士の「教養」の程度がわかるのです。

CHAPTER 3

異常気象の異常を知る

もはや異常ではない⁉

線状降水帯、超熱帯夜、黄砂…。
このような気象災害にもつながる
「極端現象」が今起こっていることを
知ることから始まります。

— METEOROLOGY —

春と秋が短くなり日本の季節は四季から二季へ？

日本には春夏秋冬の四季があり、その移ろいをいとおしんだり楽しんだりする文化がありま す。気象庁では、春を3～5月、夏を6～8月、秋を9～11月、冬を12～2月としていますが、日常生活の感覚では、春と秋の期間がだんだん短くなり、**冬と夏の二季に近づいている**気がしませんか。

例えば**秋が短く感じるのは、地球温暖化などの影響により、近年では秋である9月に入っても厳しい残暑（立秋から秋分までの間の暑さ）が続いているから**でしょう。気象庁がまとめた2023年秋の平均気温平年差は、北日本で＋1・9℃、東日本で＋1・4℃となり、1946年の統計開始以降、秋として最も高い気温となりました。

このように統計上では確かに〝暑い秋〟になっているのですが、私たちは、気温計の数値もそうですが、観光名所のモミジが色づいたり、街路樹のイチョウが黄葉したりすることで強く秋の深まりを感じます。その紅（黄）葉が遅くなっていると感じていませんか。

そこで、気象庁の**「生物季節観測値（生物季節観測累年表）」**というデータを見てみました。

Saita's memo　生物季節観測　令和3年1月に57種目から6種目に減少。アジサイ、イチョウ、ウメ、カエデ、ススキ、サクラ。

「生物季節観測累年表」は、1953年から観測する対象の木（標本木）を定めて、ウメ・サクラの開花した日、カエデ・イチョウが紅（黄）葉した日などの観測を記録したもの。

観測した年により開花日や紅（黄）葉日にはばらつきがあるのですが、東京の**イチョウを例に取ると、黄葉した日は、観測開始から1970年代までは概ね11月上旬、1990年代までは11月中旬、2000年代は11月下旬**というように遅くなっています。

近年の5年間では、2019年11月29日、2020年11月26日、2021年11月28日、2022年11月19日、2023年12月1日に黄葉が観察されているので、イチョウ並木の黄葉とクリスマスのライトアップが同時に見られました。

2023年秋（9～11月）の平均気温平年差

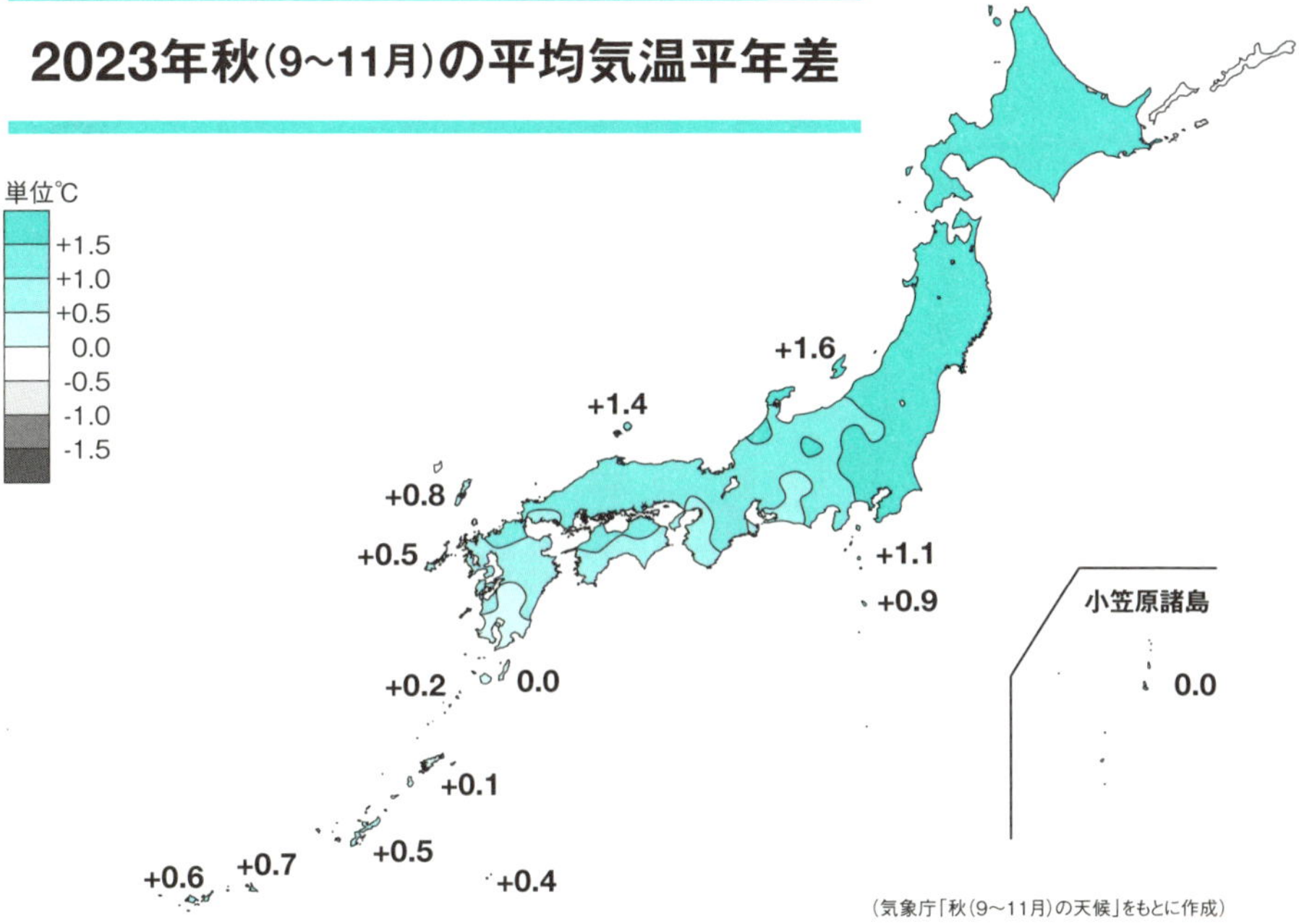

（気象庁「秋（9～11月）の天候」をもとに作成）

2023年秋の平均気温は全国的に高かった。北・東日本では、1946年の統計開始以降、それぞれ秋として1位の高温となった

平年値の期間が切り替わったことで気温の上昇、降水量の増加が明らかに

天気予報では「平年」という言葉をよく使います。「今年の冬は平年より積雪が多く…」というふうに。今年の積雪量と、過去の平均的な気象データを比較するときは、「平年値」を使います。

平年値は連続する過去30年間の観測値から算出した平均値のこと。気温、降水量、日照時間などの気象観測データのほかに、梅雨入り・明けの時期や台風（発生数・接近数・上陸数）などがあります。

過去30年間ならどんな期間でもいいというわけではなくて、気象庁では**「西暦年の1の位が1の年から30年後の1の位が0で終わる年までの30年間分の気象データについて算出した平均値」**と定めています。２０１１年から２０２０年まで用いていた平年値は、１９８１年から２０１０年までの平均値（以下旧平年値）。２０２１年5月19日から使い始めた２０２１年から２０３０年まで用いる平年値は、１９９１年から２０２０年までの平均値（以下新平年値）で、10年ごとに更新されていることがわかります。

ではなぜ10年ごとの更新が必要なのでしょう。それは**気候変動などの影響を受けて、天気や**

天候が少しずつ変化しているからです。旧平年値と新平年値を比較すると、それがわかります。全国的に見ると年平均気温の新平年値は、旧平年値と比較して、全国的に0・1℃から0・5℃高くなっています。例えば北日本と西日本で0・3℃、東日本で0・4℃、沖縄・奄美で0・2℃高くなります。

気象庁の資料から引用すると、**気温上昇の背景として、地球温暖化による長期的な気温の上昇傾向と数十年周期の自然変動の影響**があることに加え、地点によっては**都市化も影響**していると分析しています。

真夏日（日最高気温30℃以上）の年間日数の新平年値は、東日本から沖縄・奄美の多くの地点で3日以上増加し、猛暑日（日最高気温35℃以上）が4日以上増える地点もあります。冬日（日最低気温0℃未満）の年間日数の新平年値は北日本から西日本の多くの地点で2日以上減少します。

また降水量は、春の西日本や夏の東日本太平洋側で5％程度少なくなり、夏の西日本や秋と冬の太平洋側の多くの地点で10％程度多くなります。

降雪量は冬の気温上昇の影響などにより、多くの地点で少なくなっており、30％以上減る所もあります。

その他、サクラの開花は1～2日早くなっていますが、台風の発生数、日本への接近数、上陸数、それに梅雨入り・梅雨明けの時期については大きな変化は見られません。

温暖化などによって猛暑日や大雨が当たり前になった

近年、夏の暑い日は35℃以上の「猛暑日」になることが珍しくなくなりました。天気予報で**最高気温が35℃以上の日を猛暑日**と表現するようになったのは、気象庁が予報用語の見直しを行った2007年4月1日から。高温に対して注意・警戒を呼びかけるときに使う「熱中症」とともに、新たな用語として定められました。30℃以上の「真夏日」より暑いことを表現する言葉が必要になったためです。

2023年に続き2024年も猛暑日となった日が多く、福岡県太宰府市で62日を数え歴代最多記録を更新したほどです。東京の猛暑日も20日に達しました。気温も栃木県佐野市で41・0℃を観測しています。このような暑さは、あとのページでとりあげる**エルニーニョ現象やラニーニャ現象といった自然現象、ヒートアイランド現象、地球温暖化などが複雑に重なって起こっている**と考えられます。

気象庁の気温の観測は、電気式温度計を使い、芝の上1・5mの高さ（大人の顔の高さと同じ高さ）で測ります。電気式温度計は筒の中（日陰）に入れ、かつ小さな扇風機を入れて熱がたまらないようにして測るので、直射日光を浴びている状態ではもっと暑いはずです。**地面に近いほうが日中は温度が高いので、大人よりも子ども、子どもより犬のほうが一層体感としては暑くなります。**

高いのは最高気温だけではありません。最低気温も新潟県糸魚川市（2023年8月10日）で、

Saita's memo
ヒートアイランド現象　都市の中心部の気温が郊外に比べて高くなる現象。特に冬の夜は気温の差が大きくなりやすい。

日本の年平均気温偏差

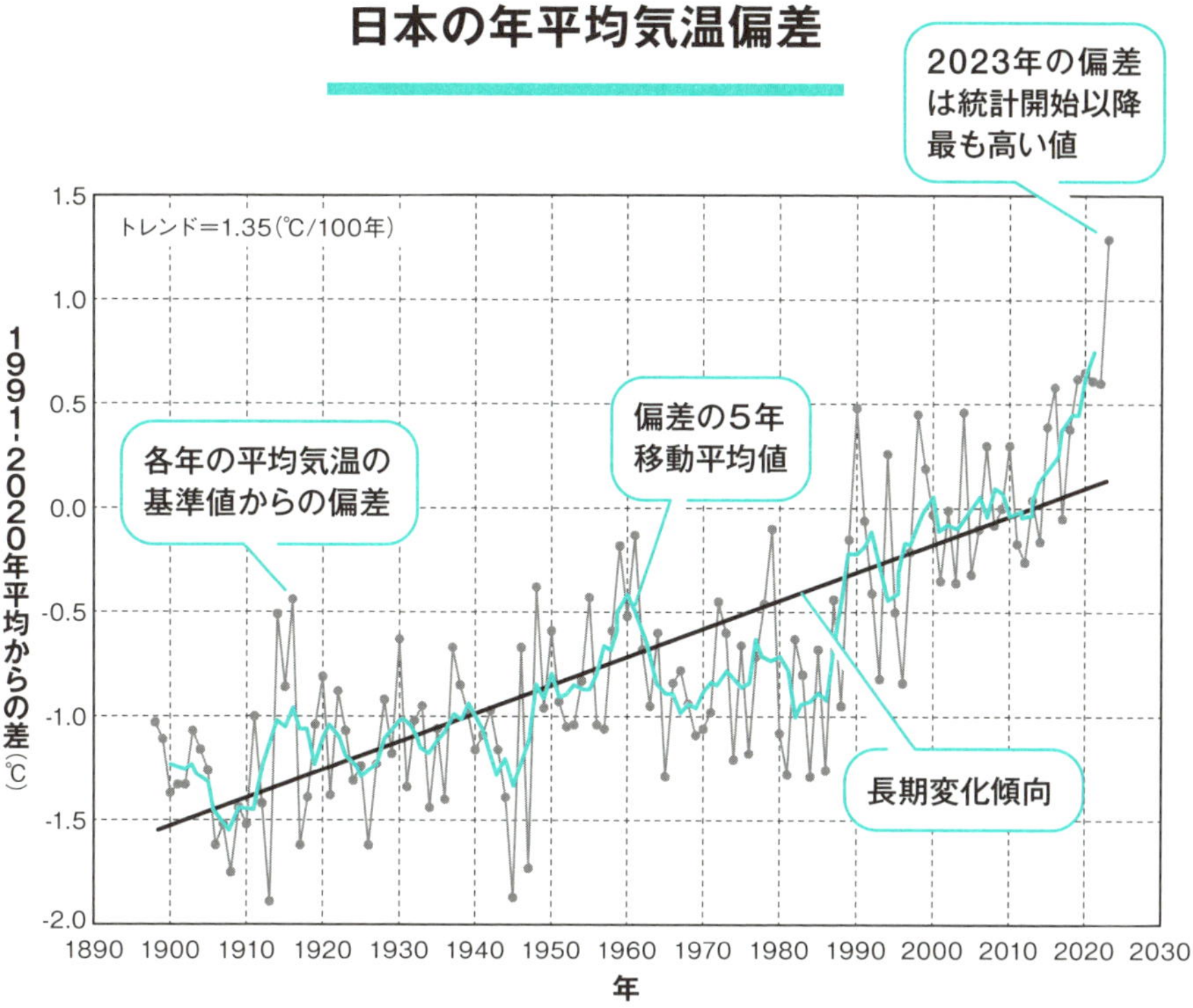

（気象庁「日本の年平均気温」をもとに作成）

2023年の日本の平均気温の基準値（1991年～2020年の30年平均値）から偏差は+1.29℃で、1898年の統計開始以降、2020年を上回り最も高い値となった

31・4℃までしか下がらず、全国の最低気温の高いほうの記録を更新しました。近年は、夜間の熱中症も増加しています。**熱帯夜は夜間の最低気温が25℃以上**のことなので、このような暑い夜が珍しくなくなると、真夏日の上に猛暑日ができたように、熱帯夜の上にも気象庁が新しい用語を定めるかもしれません。すでに民間の気象会社などでは、夜間の最低気温が30℃以上の夜を「超熱帯夜《ちょうねったいや》」と呼んでいるところがあります。

気象庁によると、2023年夏（6～8月）の気温は、15地点（都市化による影響が比較的小さく、地球温暖化などの長期的な気候変動の監視に用いられる地点）の観測値による日本の平均気温偏差は＋1・76℃となり、1898年の統計開始以降で最も高かった2010年（＋1・08℃）を大きく上回り、異常な暑さとなりました。偏差とは、その年の平均気温と、基準値（1991年～2020年の30年）平均気温の差です。年間を通しての気温も高く、気象庁は「1946年の統計開始以降、北・東日本では年平均気温が1位の高温、西日本では1位タイの高温となった」としています。

日本に限ったことではありませんが、**気温の上昇はここ数年の現象ではありません**。東京管区気象台のデータによると、東京（千代田区）の平均気温はこの100年を振り返るとほぼ右肩上がりで上昇し続けており、100年前に比べて約2・5℃も上昇しています。

気温が高くなると、空気中に含むことができる水蒸気の量が増えるため、一度に降る雨の量は多くなるおそれがあります。気象庁のデータを見ると、大雨の年間発生回数は増加傾向にあります。1時間降水量80㎜以上の猛烈な雨や日降水量400㎜以上の大雨は1980年頃と比較して、降る頻度は2倍程度に増えています。

日本の大雨（日降水量400㎜以上）の年間日数の経年変化
（1976～2023年）

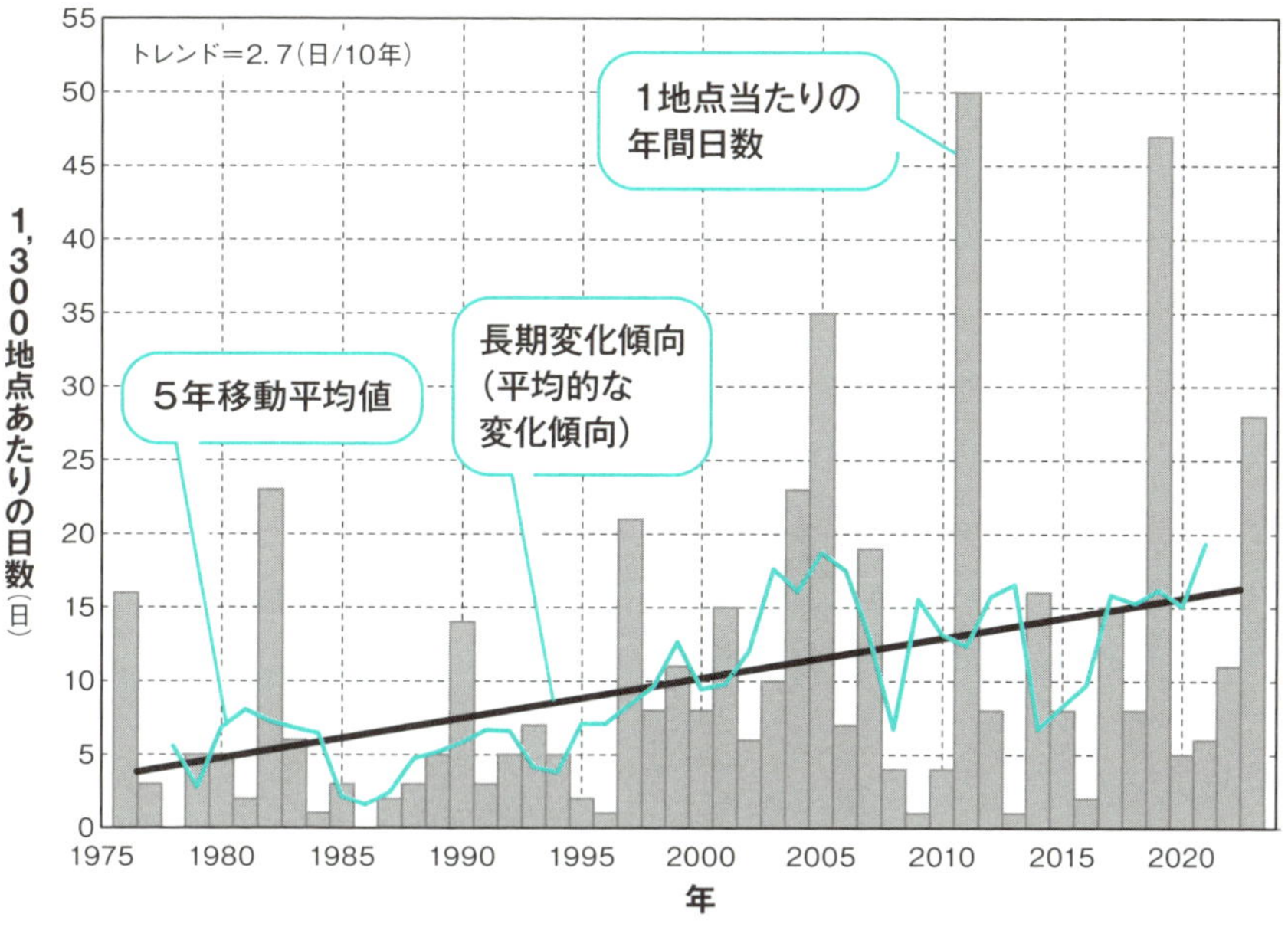

（気象庁「大雨や猛暑日など（極端現象）のこれまでの変化」をもとに作成）

2014～2023年の日降水量400㎜以上の平均年間日数は、統計期間の最初の10年間（1976～1985年）の平均年間日数と比べて約2.3倍に増加している

雨の降り方が変わった！「局地的な大雨」や「線状降水帯」が甚大な被害をもたらす

ここ数年、雨の降り方がおかしいと感じていませんか？　昔の夏の風物詩は、雨がポツポツと降り出したと思うと急に強く降って、すぐに止む夕立でしたが、今の夏は夕立よりももっと過激で、東南アジアの雨季のスコールを思わせます。**急に強い雨が狭い範囲に短時間で降る「局地的な大雨」（一部メディアではゲリラ豪雨と呼んでいます）によって、浸水などの被害が発生する**ようになりました。

現在の技術では、**局地的な大雨の「場所」「時間」「雨量」の全てを早い段階でピンポイントに予想するのは難しいのが現状**です。ただ、前日や当日の朝の天気予報で「大気の状態が不安定」という表現が使われているときは、局地的な大雨を降らせる「積乱雲」が発生しやすい気象条件になるときなので、大雨に備えることはできます。

真っ黒な雲が近づき、周囲が急に暗くなる。雷鳴が聞こえたり、電光が見えたりする。ヒヤッとした冷たい風が吹き出す。大粒の雨や「ひょう」が降り出すときは、発達した積乱雲が近づく兆しです。空模様の変化に注意し、気象レーダーによる雨雲の情報も活用して、大雨から逃れてください。

積乱雲の寿命は、発生してから雨を降らせて消滅するまで数十分ほど。単独の積乱雲であれば、雨は急に降り出し短時間で降り終わることが多く、影響は限定的です。多くの自治体では、1時間に50㎜の雨が降った場合を想定して、下水などの治水対策を行っています。

積乱雲が同じ場所で次々と発生して連なると、数時間にわたって強く降り続いて、短時間で数百㎜の大雨になることがあります。このときの**線状に連なった雨雲の列を「線状降水帯」**と言います。線状降水帯による大雨によって、毎年のように土砂災害や河川の氾濫など数多くの甚大な災害が生じているため、気象庁では2022年6月から線状降水帯による大雨の可能性がある程度高いことが予想された場合、**半日程度前から「線状降水帯」というキーワードを使って、そのことを呼びかける取り組み**を始めました。運用

局地的な大雨を降らせる「積乱雲」

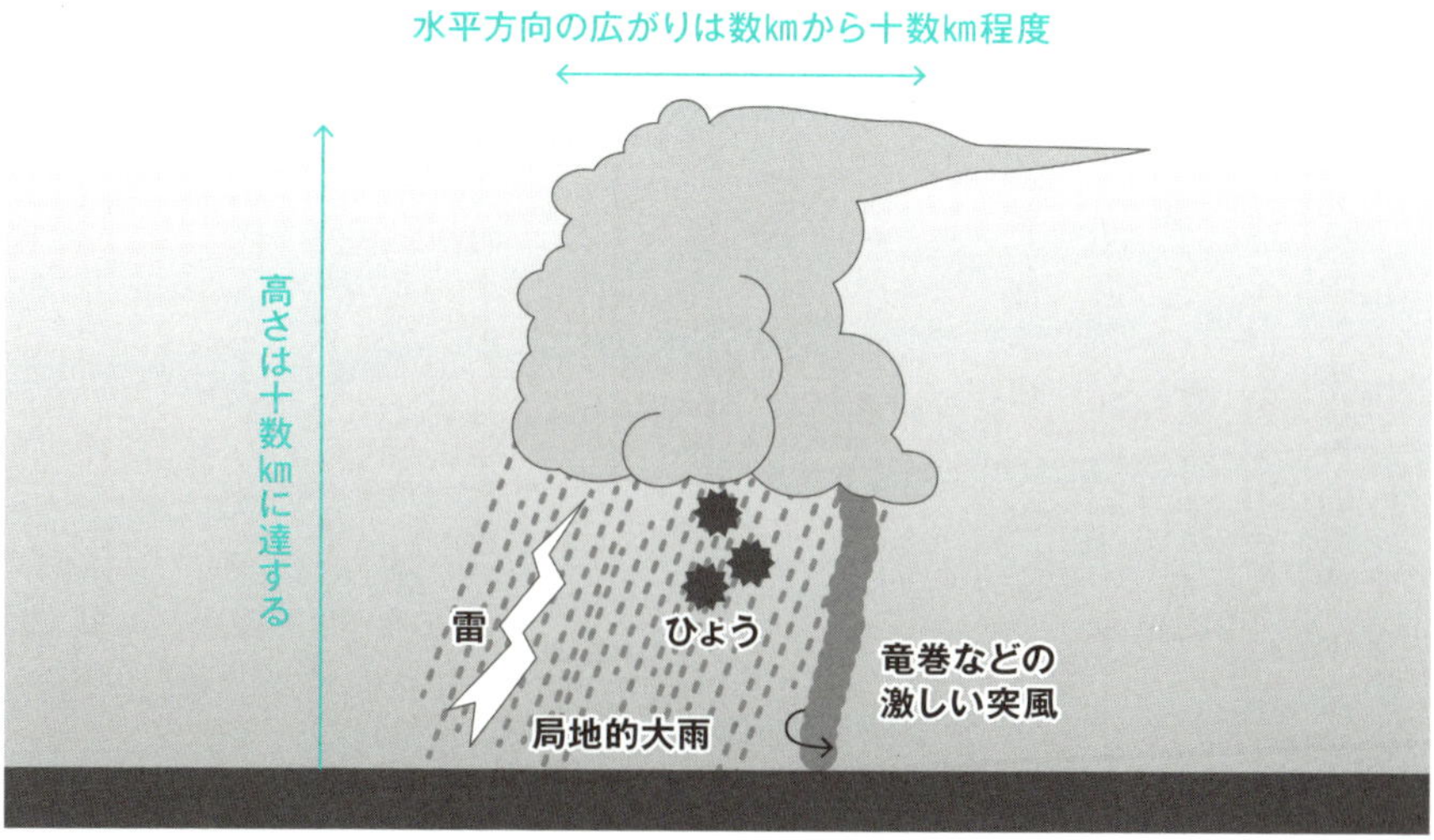

（気象庁「発達した積乱雲による災害・事故から児童生徒を守るために」をもとに作成）

大気の状態が不安定になると 積乱雲が発生しやすくなる

開始時は、関東甲信地方など地方単位の広域な呼びかけで、適中率も4回に1回程度でしたが、雨雲のもととなる水蒸気の観測や予想技術の両面から強化し、予想精度の向上が図られています。

2023年に線状降水帯は23回発生しています。6月28日から7月16日にかけての梅雨前線による大雨のときも、九州や山陰、北陸で線状降水帯が発生し、各地に被害をもたらしました。この期間の総降水量は、大分県、佐賀県、福岡県で1200㎜を超えています。ほかの地域でも大雨となり、北海道、東北、山陰、山口県を含む九州北部地方で7月の平年の月降水量の2倍を超えた地点がありました。

2020年7月3日から31日まで続いた「令和2年7月豪雨」による甚大な被害は記憶に残っている人も多いと思います。線状降水帯が熊本県付近に停滞し、7月3日から4日にかけての24時間で500㎜近い記録的な大雨となった地点が複数あり、球磨川が氾濫しました。

このような異常な大雨の要因は何なのでしょう。気象庁は「令和2年7月豪雨」について、大学・研究機関などの専門家の協力を得て分析検討を行う異常気象分析検討会の検討結果を踏まえた要因をまとめました。上空の偏西風（地球の周りを西から東へ向かって吹いている風）の北上が遅れたことにより日本付近に梅雨前線が停滞し続けたことなどいくつかの要因が挙がっていますが、それらの根底には**「地球温暖化の進行に伴う長期的な大気中の水蒸気の増加により、降水量が増加した可能性があります」**と指摘しています。

線状に連なった雨雲の例「線状降水帯」の発生メカニズム

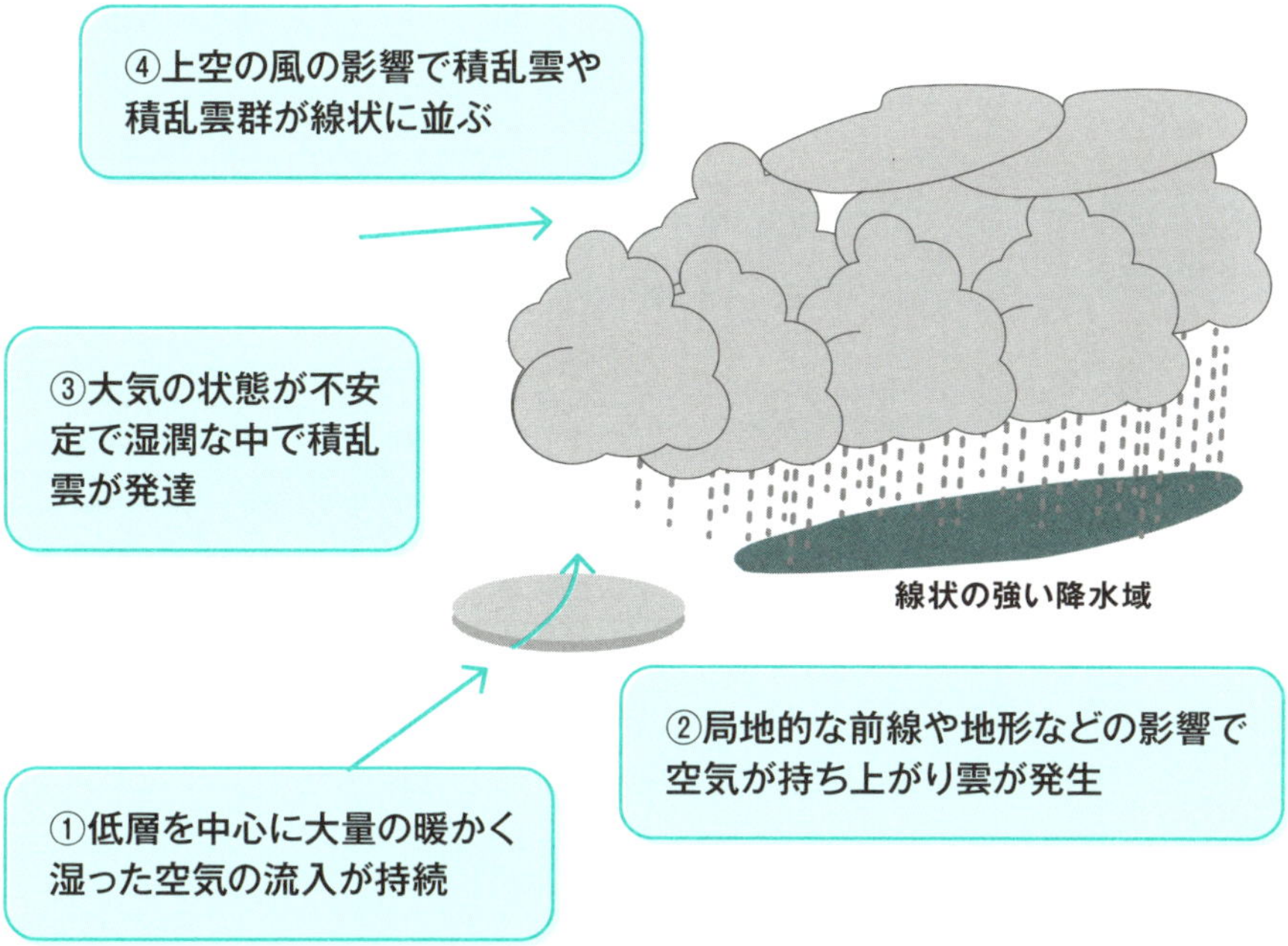

（気象庁「予報が難しい現象について（線状降水帯による大雨）」をもとに作成）

線状降水帯の発生に必要となる水蒸気の量、大気の安定度、各高度の風など複数の要素が複雑に関係しており、メカニズムの詳細については不明な点が多い

猛暑日やドカ雪は「極端現象」と呼ばれるようになった

猛暑日が続くと「今年の夏は異常気象ですね」、暖かい冬だと「異常気象のせいであまり雪が降りませんね」というふうに、日常会話で異常気象という言葉を当たり前のように使っている人が多いと思います。

気象の世界では、異常気象にはきちんとした定義があります。気象庁の定義は「ある場所（地域）・ある時期（週、月、季節）において30年に1回以下で発生する現象」です。それは人間の一生に例えるなら、０歳児が社会人となってバリバリ働く30歳になるまでの長い期間です。普段から雨量が多い地域と、少ない地域では、同じ雨の量が降ったとしても災害の危険度は大きく異なります。異常気象はまれにしか起こらない現象だからこそ、その影響は大きくなるおそれがあるのです。

一方、30年に1回という基準に限らず比較的頻繁に起こる現象を指す言葉に「極端現象」があります。極端な高温・低温や強い雨など、特定の指標を超える現象のことで、具体的には、CHAPTER3の「**温暖化などによって猛暑日や大雨が当たり前になった**」（１００ページ）でとりあげた日最高気温が35℃以上の日（猛暑日）や日降水量４００㎜以上の大雨などです。

また、冬の極端現象として、気象庁では日降雪量20㎝以上と50㎝以上のデータの統計を取っています。東日本の日本海側の「日降雪量20㎝以上の年間日数」と「日降雪量50㎝以上の年間日数」を見ると、減少傾向が現れていることがわかります。ただし、2010年以降は、その前の20年と比べると、増加しているようにも見えます。実は近年、短時間で大量の雪が降る「ドカ雪」が場所によっては増えていると指摘している研究者もいます。

では、なぜさまざまな極端現象が起こりやすくなっているのでしょう。気温や降水量に影響する周期的な現象が温暖化と重なって、極端な気象現象が起こりやすくなっているのです。周期的な現象の1つが**「エルニーニョ現象」**です。

東日本日本海側の日降雪量20㎝以上の年間日数

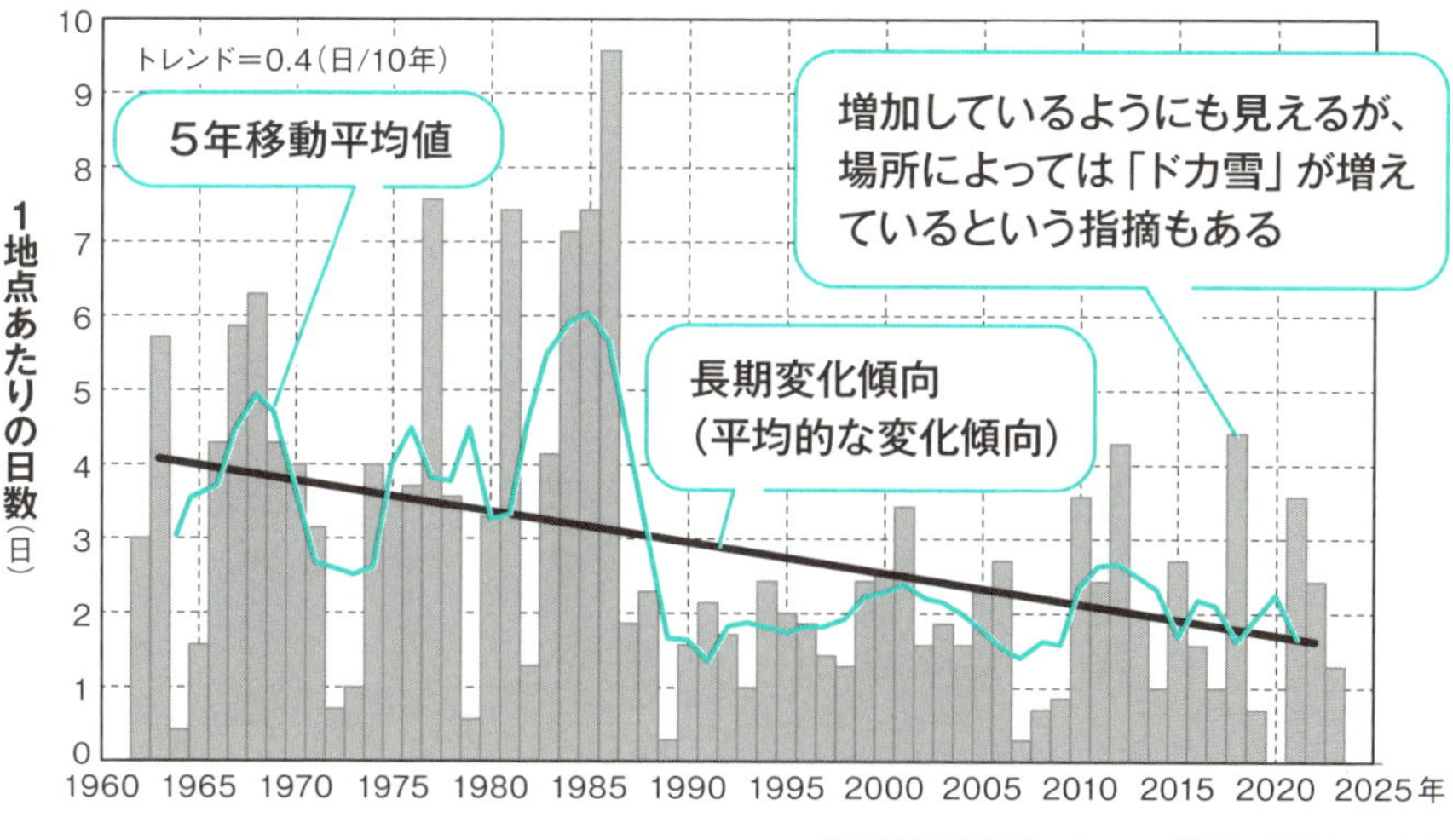

(気象庁「気候変動監視レポート2023 積雪量の変動」をもとに作成)

日降雪量20㎝以上の年間日数の経年変化(1962～2023年)を見ると、東日本日本海側と西日本日本海側では減少傾向が現れている

極端現象は、温暖化をベースにエルニーニョ現象などが引き起こす

熱中症に警戒が必要な厳しい暑さが何日も続いたり、災害をもたらすような大雨が毎年のように降ったりする原因は、全て「地球温暖化」だと思っていませんか。

40℃近くまで上がるような**極端現象が起こる原因としては、温暖化がベースにあり、それに周期的な現象が重なって、起こりやすくなっている**のです。その原因の1つがエルニーニョ現象・ラニーニャ現象です。温暖化だけが、極端現象や異常気象の原因ではありません。

温暖化をひと言で説明すると、気温や海水の年平均値が上昇傾向にあることです。平均値なので、冬が寒くても夏が猛暑なら平均値は上がります。

温暖化の大きな原因として挙げられているのが、私たち人間の活動です。石油や石炭、天然ガスを燃やして発電したり、自動車や飛行機、工場を動かしたりすると、二酸化炭素（CO_2）やメタンといった「温室効果ガス」が大気中に放出されて、空気中にどんどん増えていきます。温室効果ガスが増えすぎると、太陽からの熱が地球の表面にたまり、地球規模で平均気温が上がります。

エルニーニョ現象の夏季の天候への影響

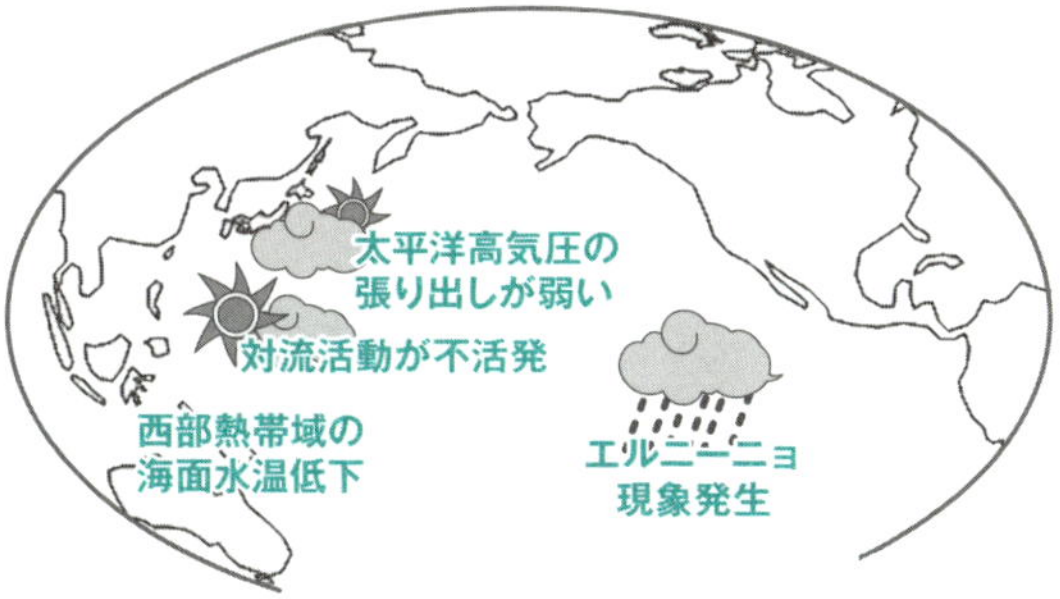

（気象庁「日本の天候に影響を及ぼすメカニズム」をもとに作成）

西太平洋熱帯域の海面水温が低下し、西太平洋熱帯域で積乱雲の活動が不活発となる。日本付近では、夏季は太平洋高気圧の張り出しが弱くなり、気温が低く、日照時間が少なくなる傾向がある。西日本日本海側では降水量が多くなる傾向がある

ラニーニャ現象の夏季の天候への影響

（気象庁「日本の天候に影響を及ぼすメカニズム」をもとに作成）

西太平洋熱帯域の海面水温が上昇し、西太平洋熱帯域で積乱雲の活動が活発となる。日本付近では、夏季は太平洋高気圧が北に張り出しやすくなり、気温が高くなる傾向がある。沖縄・奄美では南から湿った気流の影響を受けやすくなり、降水量が多くなる傾向がある

気温が上昇すると、私たちの生活環境にさまざまな影響がありますが、**急激な変化は悪い影響を多くもたらす**と考えられています。海水の温度が上がることによって海水の体積が増えたり、氷河が解けたりして、**海面が上昇し、沿岸の低地が水没**します。雨の降る地域が変化するため、**水の蒸発量が降雨量を上回って干ばつ**が起こったり、農作物の発育が悪くなって収穫量が減少したりする地域があります。生態系への影響や、もちろん**熱中症など人の健康にも悪い影響**を及ぼします。

エルニーニョ現象・ラニーニャ現象は、大気と海洋の相互作用によって、それぞれ数年おきに発生していて、日本を含め世界中の異常な天候の原因になると考えられています。

エルニーニョ現象とは、太平洋赤道域の日付変更線付近から南米沿岸にかけての南アメリカのペルー沖の海面水温が平年より高くなり、その状態が1年程度続く現象です。

この海域の海水温が上昇すると、上昇気流が発生し、積乱雲が盛んに発生する海域が平常時より東（太平洋東部）へ移ります。

そのため日本付近では、夏季は太平洋高気圧の張り出しが弱くなり、気温が低くなり、日照時間が少なくなる。西日本の日本海側では降水量が多くなる。冬季は西高東低の気圧配置が弱まり、気温が高くなるといった傾向があります。

ラニーニャ現象は、エルニーニョ現象とは逆の現象です。太平洋赤道域の日付変更線付近か

エルニーニョ現象発生時の夏(6~8月)の天候の特徴

エルニーニョ現象が発生しているときの平均気温〈夏〉

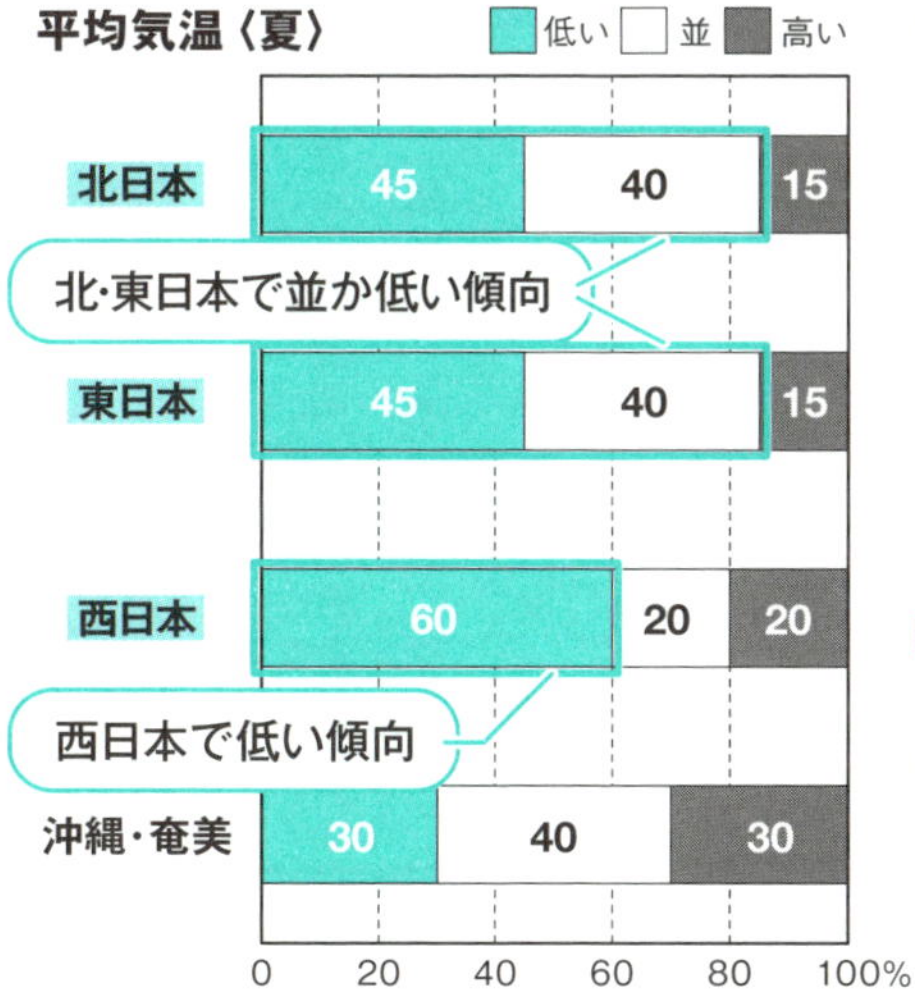

エルニーニョ現象が発生しているときの降水量〈夏〉

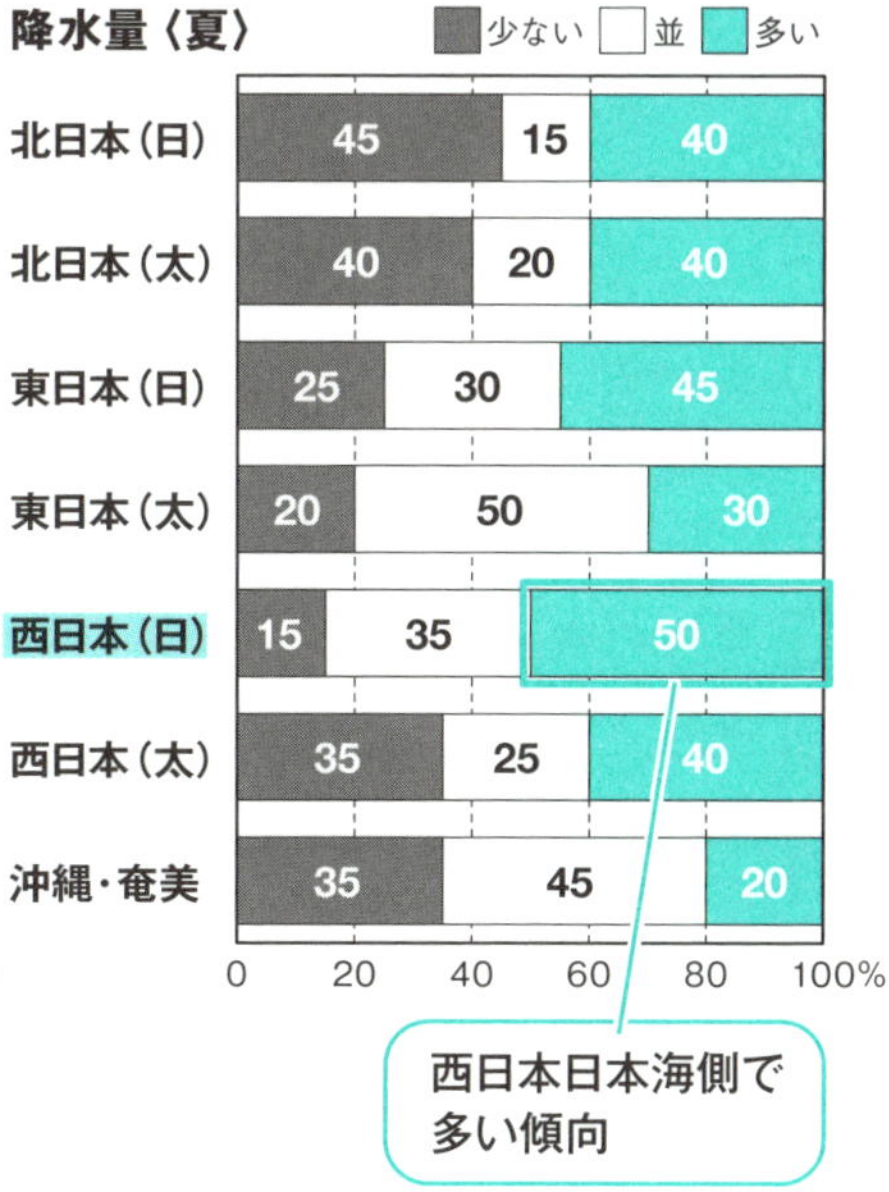

エルニーニョ現象が発生しているときの日照時間〈夏〉

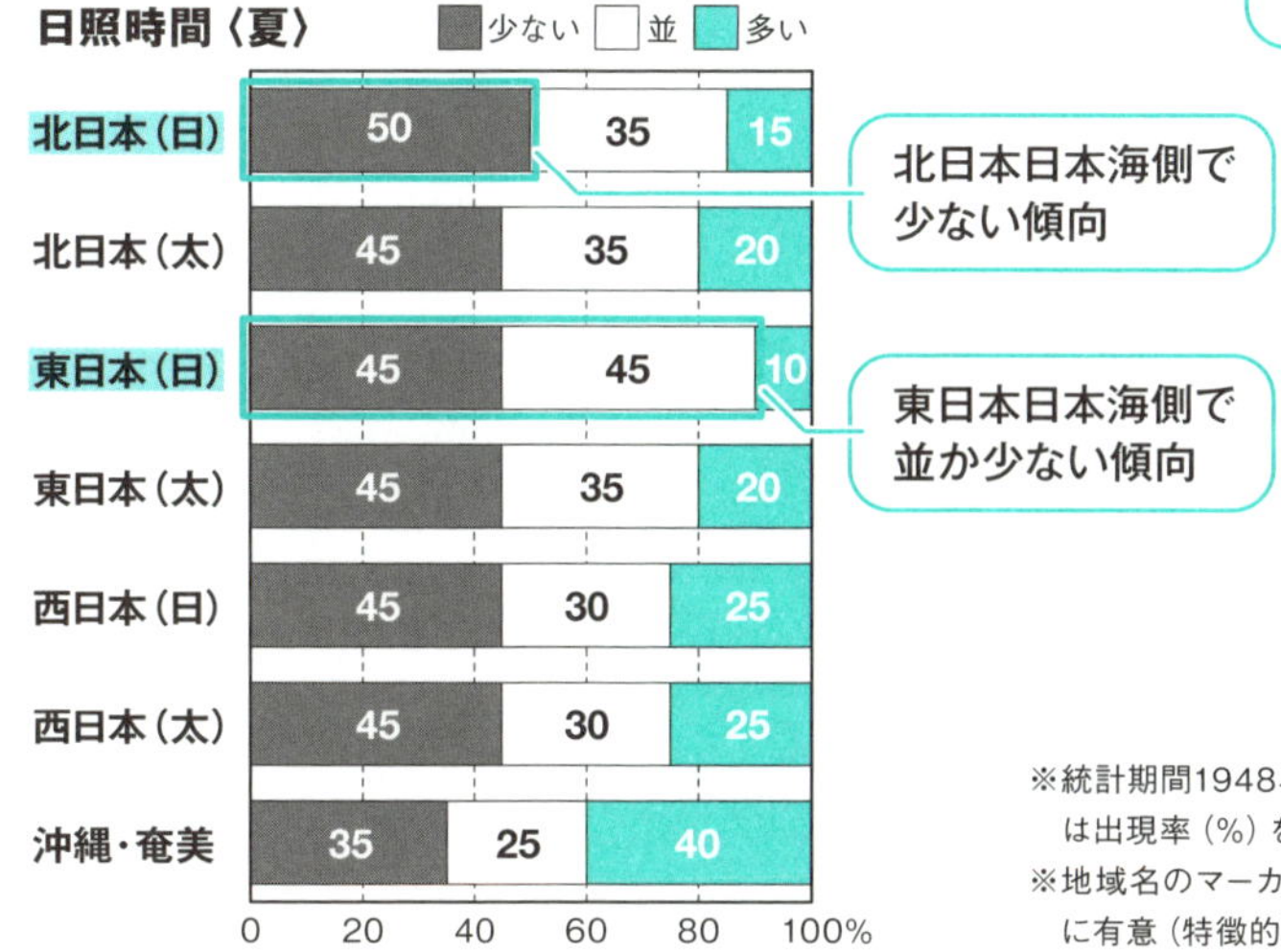

※統計期間1948年~2021年。グラフの数字は出現率(%)を示す。
※地域名のマーカーとグラフの太枠は統計的に有意(特徴的)な傾向を示す。

(気象庁「エルニーニョ現象発生時の日本の天候の特徴」をもとに作成)

ら南米沿岸にかけての南アメリカのペルー沖の海面水温が平年より低くなり、インドネシア付近で積乱雲が盛んに発生します。日本付近では、夏季は太平洋高気圧が北に張り出しやすくなり、気温が高くなります。

沖縄・奄美では南から湿った気流の影響を受けやすくなり、降水量が多くなります。冬季は西高東低の気圧配置が強まり、気温が低くなるといった傾向があります。

また、エルニーニョ現象・ラニーニャ現象に関連して、**インド洋熱帯域、西太平洋熱帯域の海面水温の状態も日本の天候に影響を及ぼす**ことがわかってきたので、気象庁はこれら海域の海洋変動の監視・予測情報も踏まえて季節予報などに活かしています。

なお、エルニーニョ、ラニーニャの名称の由来を気象庁では次のように解説しています。

ペルー北部の漁民は、毎年クリスマス頃に現れる小規模な暖流のことをエルニーニョと呼んでいました。エルニーニョはスペイン語で子ども（男の子）。それも「幼子イエス・キリスト」を表しています。この言葉が数年に一度起こるペルー沖の高水温現象の意味で使われるようになりました。反対現象を「アンチエルニーニョ」と呼んだのでは語感が悪いことから、米国の海洋学者フィランダーが1985年にスペイン語の「女の子」を意味するラニーニャを使うように提唱し、定着したということです。

さて、極端現象や異常気象の原因となる周期的な現象は、ほかにもたくさんあります。

Saita's memo

ブロッキング高気圧　上空の偏西風を阻止する高気圧のこと。動きが遅いため、同じ地域で晴れや雨が続く原因となる。

日本付近の上空を流れる偏西風が大きく蛇行して持続することも異常気象をもたらす重要な要因の1つ。偏西風が吹いている中緯度は暖かい空気と冷たい空気の境目にあるため、南の暖気を北上させ、北の寒気を南下させることになり、地域によって極端な高温や低温をもたらします。寒気の吹き出しによる低気圧の急発達、ブロッキング高気圧による干ばつや熱波などが連鎖的に発生することもあります。

大規模な火山噴火が発生し、噴煙が上空高く成層圏まで達すると地上に落下せずに漂い、エーロゾルとなって地球上を薄く覆います。**傘のように太陽からのエネルギーを遮るため、地上の気温を下げる「日傘効果」が起こります。**１９９１年４月に始まったフィリピンのピナツボ山の噴火では、平均気温が北半球で０・５~０・６℃低下したと言われています。日本は噴火した２年後の１９９３年に冷夏となり、米などの農作物に被害が出ました。

太陽の活動も周期的に変動していて、地球の天気や気候にさまざまな影響を与えています。太陽の黒点数は約11年周期で増減を繰り返していますが、その最大値は周期ごとに異なっていて50年以上も黒点が消えた時代もありました。太陽の黒点が増えると太陽の放射エネルギーは増加し、地球に届くエネルギーが増えるため、地球の気温は上昇することになります。

一方で、宇宙空間から地球に届く放射線（銀河宇宙線）が、雲の発生に関係しているという仮説があります。太陽活動が活発な黒点が多い時期は、太陽から吹き出す電気を帯びたガスによって地球に到達する銀河宇宙線が遮られるため、雲は減ることになり、日差しが増えて気温は上昇する可能性が指摘されています。

Saita's memo

エーロゾル 空気中に浮遊するちりなどの固体や液体の粒子のこと。日射を散乱・吸収したり、雲粒の核となる。

黄砂は大気汚染物質とともに飛来することも

黄砂の健康被害については、CHAPTER1の「健康被害を防ぐ花粉飛散情報や黄砂飛来情報も重要に」（42ページ）で述べましたが、黄砂の観測は気象台職員による目視観測は減る傾向にあり、気象衛星ひまわりが宇宙から観測しています。

黄砂分布の予測には、この気象衛星ひまわりのデータに加えて、黄砂発生域での黄砂の舞い上がりや移動、拡散、降下の過程などを組み込んだ数値モデルが用いられています。**気象庁のウェブサイトの「黄砂情報」**では、地表付近の黄砂濃度や大気中の黄砂の総量の分布について、前日の3時間ごとの状況や、当日から1日先まで3時間ごと、2日先から3日先までは6時間ごとの予測を見ることができます。

黄砂の飛来は春（3～5月）が多く、夏はほとんど観測されず、まれに秋や冬に観測されることがあります。春に多いのは、凍結していた砂漠の表面が解けてすぐなので植物が十分に育っていないこと、低気圧の上昇気流によって砂が上空に巻き上げられやすいことが挙げられます。黄砂は、健康被害はもちろん、屋外の洗濯物や車などを汚したり、視程を悪化させて航空機などの交通機関に影響を与えたりすることがあるため、気象庁は数値モデルや天気図などから判断し、「黄砂に関する気象情報」を発表しています。

日本では黄砂は古くから飛来しており、これまでは黄河流域や砂漠などから風によって砂塵が運ばれてくる自然現象であると考えられていました。

しかし環境省は、「近年では、その頻度と被害が甚大化しており、**急速に広がりつつある過放牧や農地転換による土地の劣化等との関連性も指摘**されています」と説明しています。さらに、「黄砂が輸送される過程で、**大気汚染物質の発生が多い地域を通過する場合、これら大気汚染物質とともに飛来する**こともあります」とのことなので、天気予報で伝える黄砂情報や気象庁のウェブサイトなどを参考にして、被害を受けないように対策をしましょう。

月別の黄砂観測日数平年値

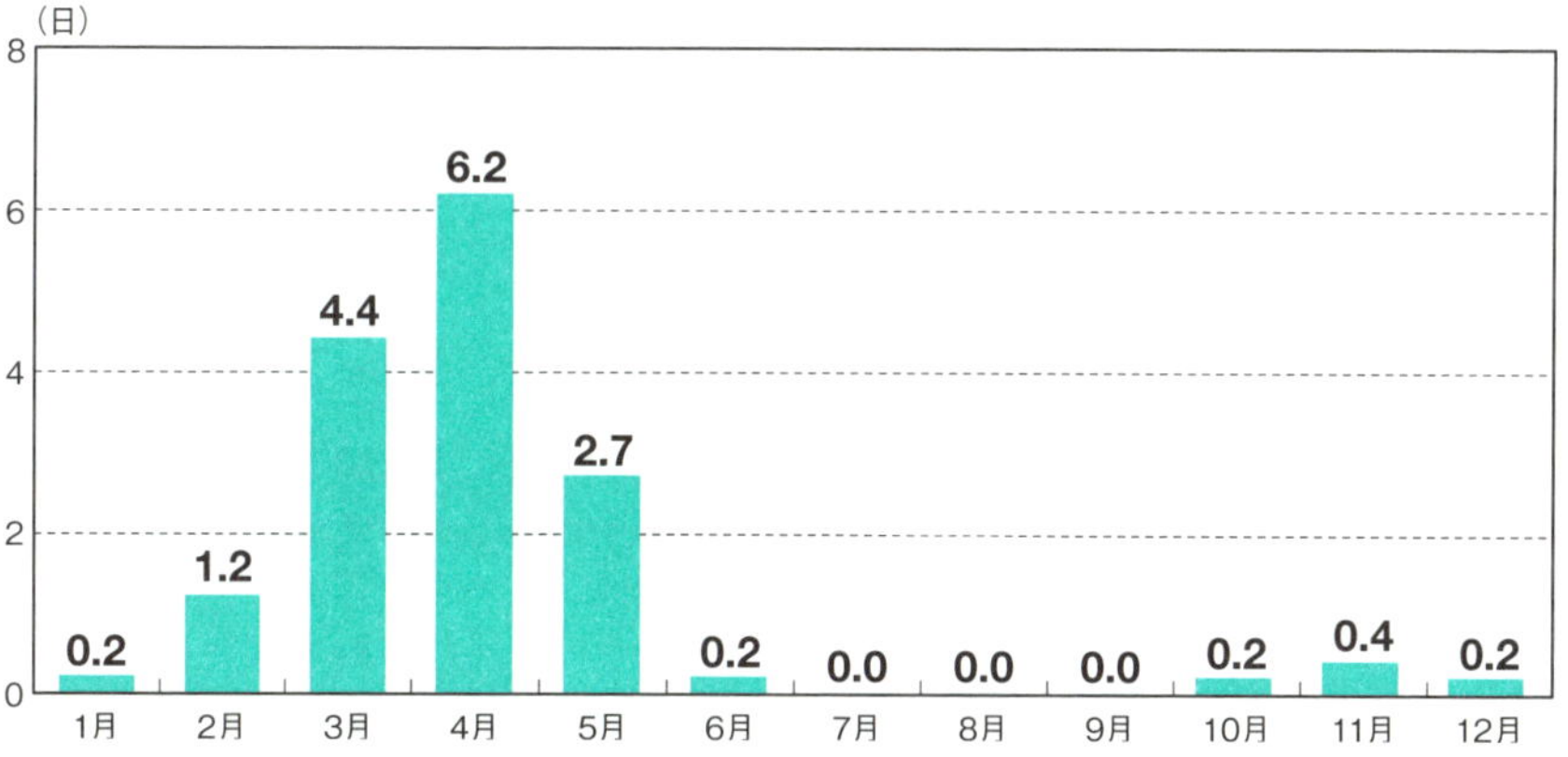

（気象庁「黄砂観測日数の経年変化」をもとに作成）

1967年から2023年まで黄砂の観測を続けている11地点について、黄砂現象が観測された日数を月別に集計し、1991年から2020年の30年で平均した値。それによると、黄砂の飛来は春（3～5月）が多く、夏はほとんど観測されず、まれに秋や冬に観測されることがある

日本は「気候変動対策」をはじめとしたＳＤＧｓ対応が遅れている

世界で叫ばれている**ＳＤＧｓ（Sustainable Development Goals：持続可能な開発目標）は、２０３０年までに持続可能でよりよい世界を目指す国際目標**のこと。２０１５年９月の国連サミットで採択された「持続可能な開発のための２０３０アジェンダ」に記載されています。目標は17のゴール・１６９のターゲットから構成されています。この中で気象に関係するのは、**「13　気候変動に具体的な対策を」**です。

気候変動に関する政府間パネル（ＩＰＣＣ）の「第５次評価報告書」では、「**１８８０年から２０１２年で世界平均気温は０・８５℃上昇している**」と指摘。また気象庁は、日本の場合、「**長期的には１００年あたり１・３５℃の割合で上昇**」していると報告しています。気温上昇の影響により、例えば気象庁によると１９９４～２０２３年の全国13地点の熱帯夜の平均年間日数約25日は、１９１０～１９３９年の平均年間日数約９日の約２・９倍に増加しています。

そこで、外務省の資料によれば、「気候変動に具体的な対策を」では、具体的な達成目標を次のように定めています。

・すべての国々において、気候関連災害や自然災害に対する強靱性（レジリエンス）及び適応力を強化する。

・気候変動対策を国別の政策、戦略及び計画に盛り込む。

・気候変動の緩和、適応、影響軽減及び早期警戒に関する教育、啓発、人的能力及び制度機能を改善する。

そして、実現のための方法として、

・重要な緩和行動の実施とその実施における透明性確保に関する開発途上国のニーズに対応するため、２０２０年までにあらゆる供給源から年間１０００億ドルを共同で動員するという、ＵＮＦＣＣＣ（国連気候変動枠組条約）の先進締約国によるコミットメントを実施し、可能な限り速やかに資本を投入して緑の気候基金を本格始動させる。

・後発開発途上国及び小島嶼《しょうとうしょ》（小さな島で国土が構成される）開発途上国において、女性や青年、地方及び社会的に疎外されたコミュニティに焦点を当てることを含め、気候変動関連の効果的な計画策定と管理のための能力を向上するメカニズムを推進する。

を提案しています。

最近はＳＤＧｓという言葉をよく見聞きするようになり、日本の取り組みは進んでいるように感じている人がいるかもしれません。ところが、国際的な研究組織、持続可能な開発ソリューション・ネットワーク（ＳＤＳＮ）の報告書「持続可能な開発報告書２０２４（Sustainable Development Report 2024）」の国ごとに**ＳＤＧｓの達成度を点数化したランキングでは、日本**

は166国中18位。目標を「達成済み」と評価されたのは、「9　産業と技術革新の基盤をつくろう」のみ。逆に「深刻な課題がある」は5つあり、「5　ジェンダー平等を実現しよう」「12　つくる責任、つかう責任」「13　気候変動に具体的な対策を」「14　海の豊かさを守ろう」「15　陸の豊かさも守ろう」でした。

ＳＤＧｓは地球に住む私たち全員の課題です。

そこで国連広報センターでは、気候変動の抑制に貢献するために**「個人でできる10の行動」**として具体的な行動を示しています。

ここでは一つひとつの内容には触れませんが、その中には、節電に努めるや、徒歩や自転車で移動したり公共交通機関を利用したりする、食品ロスを減らす、リデュースやリサイクル、リユースなどを活用する――例えばマイバッグを使う、レンタルやシェアリングシステムを利用する、リターナブル容器（再利用できる容器）を使った商品を買う、資源ごみの分別回収に協力するなどして、資源を大切に使って環境に配慮することが盛り込まれています。

私たちもできることから行動に移して、気候変動対策に貢献したいですね。

Saita's memo　リデュース　ゴミの発生を抑える。リサイクル　資源として再生利用する。リユース　ものを繰り返し使う。

IKEGAMI'S EYE

池上は、こう読んだ

日本は四季に恵まれていると思っていたのに、いつしか「二季」になってしまっているとは。たしかに近年、「春や秋が短くなってきた」と感じる人もいると思います。その感覚は間違っていなかったのですね。日本列島周辺でも気温が上昇していることが、データから読み取れます。**春と秋の日本の風景は美しいもの。それが消失するのは耐え難い思いがします。**

このところ天気予報でしばしば聞くことになった用語が「線状降水帯」でしょう。そのメカニズムを知ると、こういう現象は前からあったのではないかと思う人もいるでしょう。**観測技術が発展したことで、以前から存在していたであろう現象が「見える化」したのです。**今は予想精度がいまひとつですが、これから精度が上がれば、対策も早くから可能になります。

もともと南米ペルーにクリスマスの頃に恵みの雨を降らせる気象を現地の人は**「イエスのおかげ」という感謝の意を込めて「エルニーニョ」（男の子）と名付けました。**それが今や世界の人たちが気にする気象現象として注目されるようになったのです。

斉田さんだから語れる

気象の裏話

各局の天気予報はどうして違うのか

気象庁と民間気象会社で予報が違う場合がありますし、テレビ局が予報業務の許可を得て独自の予報を作成している場合もあります。天気予報は、観測データを基にコンピューターによる数値予報モデルを使って計算していますが、数値予報モデルは1つではなく、どのモデルを採用するかによって予報は変わってきます。気象庁の予報官や気象予報士によって、数値予報モデルの「クセ」などを考慮して独自の情報も加えられています。

また、天気予報を発表している範囲や時間が違う場合があります。東京地方の予報なのか、東京駅などピンポイント予報なのかによって天気や気温は違いますし、1日の天気と3時間ごとの天気ではマークも変わってきます。もちろん、天気予報の発表時刻でも違いは出てきます。予測と観測データに「ズレ」が生じた場合は修正が必要ですし、数値予報モデルも随時更新されるため、最新の情報を基に判断して伝えられています。

天気予報は、どの地域が難しいのか

私の気象キャスターとしてのキャリアは、地元の熊本でスタートしています。熊本など九州は日本の中で最も西に位置していますが、天気は西から下り坂になることが多いため、情報が少ない九州の天気予報がいちばん難しいと思っていました。東京で仕事をするようになると、関東の天気がいちばん難しいと思うようになりました。関東は東から風が吹くときに低い雲が広がって弱い雨が降ることがあるし、南岸低気圧による雪の予報は極めて困難です。北海道の気象キャスターに話を聞くと、日本海側と太平洋側、さらにオホーツク海側もあって天気がまったく違うことがあるので難しいと言います。気象は地域による特性があってそれぞれの難しさがあるのですが、自分が伝えた情報の正誤をきちんと検証していると難しさに気が付くのかもしれません。ちなみに気象庁が17時に発表する天気予報で、明日の降水の有無の適中率（1992～2023年の年平均）は、北海道と沖縄が79％で最も低く、全国平均の83％を4ポイント下回っています。

新人の頃と今とでこんなに違う、斉田的気象の伝え方

ＮＨＫ熊本で「さいたさんの金曜天気」のコーナーを担当していたときは、週に一度７分の長い枠を任されていたので、二十四節気などの季節のネタを本で学んだり、日々の生活の中で季節の変化を感じたりして、そのことを放送に活かすことを考えていました。

３年半後に東京に移る頃には、自分自身で予測する技術も向上し、より正確な情報を伝えて、視聴者の行動に役立ててもらうために、どんな画面を準備して、どんな言葉で呼びかけるべきかを重視していました。しかし、東京で１年も経たないうちに、東日本大震災が発生。普段であれば「気温が下がるので、暖かくしてお休みください」と伝えていましたが、暖かくしたくてもできない人たちが大勢いる中でどんな言葉が適切なのかわからなくなりました。あの夜は、現在の状況と予測を細かく伝えることに専念したことを覚えています。

災害から身を守るためには、気象情報を習慣として見てもらう必要があると考えて、放送中にハロウィーンでカボチャを被ったり、敢えて指し棒を手放して両手で小道具を使ったりと、興味を引くような演出を意識していた時期もありました。

試行錯誤した結果、今この時間に何を伝えるかにたどり着きました

現在は、気象情報が高度化、多様化する中で、今この時間に何を伝えるべきかの選択が重要になっています。「今何が起きているのか」「どこでどんな災害の危険性が高まっているのか」をいち早く伝えるために、緊急時にはパソコンをスタジオに持ち込んで、その場で画面を選択しています。状況に応じて、臨機応変に対応することが、現在の気象キャスターには求められています。

天気予報で、なぜ指し棒を使うのか

日本の天気予報、特にNHKでは指し棒を使うことが多いのです。これは背後の画面を隠さないための配慮だと思いますが、海外の天気予報ではそんなことはお構いなしに大きなジェスチャーで表現する人が多いようです。NHKでは、画面の右側にある「低気圧」マークなどをタッチして選び、画面の示したい場所に触れることで、その位置に「低気圧」マークなどを表示する仕組みがありますが、これは指し棒に仕掛けがあるわけではありません。画面全体にセンサーが張り巡らされていて、それを遮断することで反応する仕組みです。まれにアナウンサーの方が画面に近づきすぎて、関係がない場所にマークが出てしまうことがありますが、そんなときのために消しゴムボタンが付いています。

CHAPTER

4

起こってからでは遅いから、気象災害から身を守る

大雨、台風などの気象災害から
大切な生命を守るにはどうすればいいか？
事前対応から事後対応まで、
正しい対処法をぜひ学んでください。

— METEOROLOGY —

自分の住んでいる場所の災害リスクを知ることが防災のスタートだった

実は、**気象情報を見ているだけでは、災害から身を守ることはできません。**自分が住んでいる場所にどんな災害のリスクがあるのかを知らなければ、適切な防災行動をとることはできないからです。低い場所には水が集まり、崖のそばは土砂災害のリスクがあります。川が氾濫したり、高潮が発生して海水が堤防を越えたりすると、周囲は急激に危険な状況になるため事前の避難が必要です。

自治体が提供している**「ハザードマップ」を見て、危険な場所がどこなのかを知ることが、防災のスタート**です。災害が発生した場合に想定される被害の範囲や程度、避難に関する情報が地図上にまとめられているので、避難経路を確認したり、実際に歩いて危険な箇所をチェックしたりすることで、適切な防災行動がとりやすくなります。

国土交通省の「ハザードマップポータルサイト」にある「わがまちハザードマップ」では、市町村が作成したさまざまなハザードマップ「洪水」「内水（浸水）」「ため池」「高潮」「津波」「土砂災害」「火山」と、地震による建物や火災などの被害想定をまとめた「地震防災・危険度マップ情報」が見つけやすくまとめてあります。

「重ねるハザードマップ」では、さまざまな災害リスク情報や防災に役立つ情報を、全国ど

Saita's memo

指定緊急避難場所 災害の危険から命を守るために緊急的に避難する場所。災害種別ごとに適した場所が異なる。

こでも1つの地図上に重ねて見ることができます。

災害リスクを知った上で、情報を活用し、段階的に行動することが大事です。

私たちがとるべき行動を直感的に理解できるように、2019年から5段階に色分けされた「警戒レベル」が提供されるようになりました。

警戒レベルを活用するときに、まず知っておいてほしいのは、警戒レベル5「緊急安全確保」（色表示は黒）はすでに災害が発生・切迫している状況なので、**警戒レベル4「避難指示」（色表示は紫）までに危険な場所から必ず避難する必要がある**ことです。

そして、**避難とは「難」を「避」けること。必ずしも指定緊急避難場所や指定**

重ねるハザードマップ

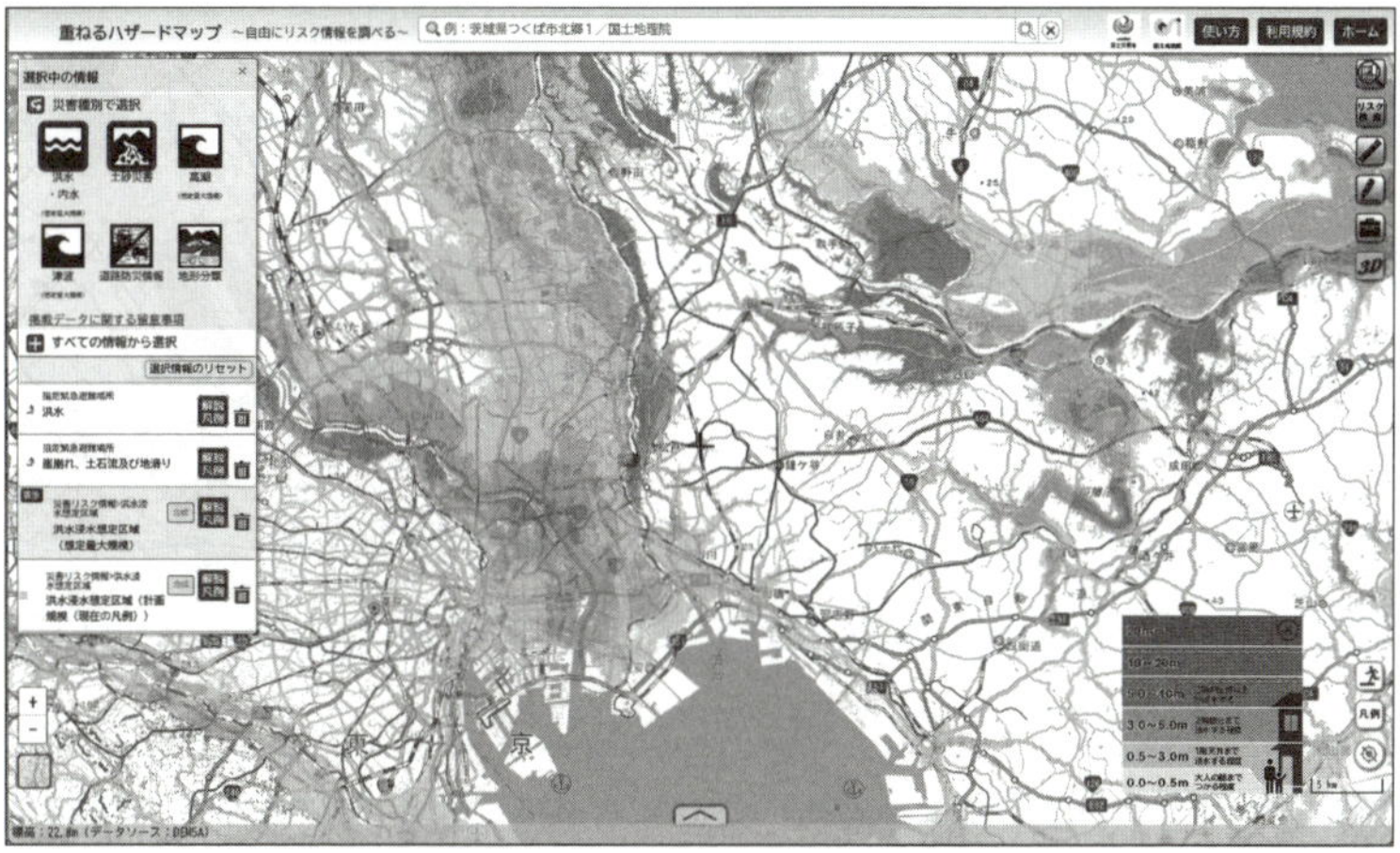

（「ハザードマップポータルサイト」をもとに作成）

国土交通省の「重ねるハザードマップ」では、
洪水・内水、土砂災害、高潮、津波などさまざまな災害リスク情報や
防災に役立つ情報を 1つの地図上に重ねて見ることができる

Saita's memo

指定避難所 避難した住民などが、災害の危険性がなくなるまで、または一時的に滞在する施設。学校や公民館など。

避難所へ行くことではなく、安全を確保することです。行政が指定した場所だけでなく、親戚や知人の家、ホテルや旅館、そして災害の種類によっては自宅にとどまる「屋内安全確保」も選択肢の1つとなります。安全な場所にいる人が避難場所へ向かうことで、かえって危険な状況になることもあるので、ハザードマップなどで災害リスクを知っておくことが極めて重要なのです。

レベル3「高齢者等避難」（色表示は赤）は、高齢者だけの情報ではありません。障害があって避難に時間がかかる人はこのタイミングで避難したほうが安全ですし、高齢者等以外の人も必要に応じて、普段の行動を見合わせたり、避難の準備をしたりするタイミングです。

また、**警戒レベル4相当（色表示は紫）や警戒レベル3相当（色表示は赤）の防災気象情報が発表**されたときは、自治体から避難情報が発令されていなくても**自ら避難の判断**ができるように、情報の意味を理解しておくことが大切です。

この章では、気象情報で扱う「大雨」「台風」「猛暑」「大雪」「雷」「ひょう」「竜巻」に加えて、「地震・津波」「火山現象」についてもとりあげます。

事象が異なれば、発生する災害も異なります。そこで、それぞれの事象について、発生してしまったときに慌てたり、困ったり、ケガをしたりしないよう事前準備と対応策を紹介します。まだ災害が発生していない今だからこそ、やれることはたくさんあります。

段階的に発表される防災気象情報と対応する行動

気象状況	気象庁等の情報			キキクル		市町村の対応	住民がとるべき行動	警戒レベル
数十年に一度の大雨	大雨特別警報			災害切迫	氾濫発生情報	緊急安全確保 ※必ず発令される情報ではない	命の危険 直ちに安全確保！ ・すでに安全な避難ができず、命が危険な状況。いまいる場所よりも安全な場所へ直ちに移動等する	5
	＜警戒レベル４までに必ず避難！＞							
↑	土砂災害警戒情報	高潮警報	高潮特別警報	危険	氾濫危険情報	避難指示 第4次防災体制（災害対策本部設置）	危険な場所から全員避難 ・台風などにより暴風が予想される場合は、暴風が吹き始める前に避難を完了しておく	4
大雨の数時間～2時間程度前 ↑	※1 大雨警報 洪水警報	高潮警報に切り替える可能性が高い注意報		警戒	氾濫警戒情報	高齢者等避難 第3次防災体制（避難指示の発令を判断できる体制）	危険な場所から高齢者等は避難 ・高齢者等以外の人も必要に応じ、普段の行動を見合わせ始めたり、避難の準備をしたり、自主的に避難する	3
大雨の半日～数時間前	大雨警報に切り替える可能性が高い注意報	高潮注意報		注意	氾濫注意情報	第2次防災体制（高齢者等避難の発令を判断できる体制）	自らの避難行動を確認 ・ハザードマップ等により、自宅等の災害リスクを再確認するとともに、避難情報の把握手段を再確認するなど	2
↑	大雨注意報 洪水注意報					第1次防災体制（連絡要員を配置）		
大雨の数日～約1日前	早期注意情報（警戒級の可能性）					・心構えを一段高める ・職員の連絡体制を確認	災害への心構えを高める	1

※1 夜間～翌日早朝に大雨警報（土砂災害）に切り替える可能性が高い注意報は、警戒レベル３（高齢者等避難）に相当します。

＊「避難情報に関するガイドライン」（内閣府）に基づき気象庁において作成。

（気象庁「防災気象情報と警戒レベルとの対応について」をもとに作成）

警戒レベル５「緊急安全確保」はすでに災害が発生・切迫している状況なので、警戒レベル４「避難指示」までに危険な場所から必ず避難する必要がある

増加した大雨から身を守るために「雨量」の予報を「災害」の予報につなげる

近年、雨の降り方が変化してきましたが、これに対応するために大雨災害から身を守るための情報も強化されています。

1時間に50㎜以上の雨が降った件数を1976年～1985年の10年間と2014年～2023年の10年間で比べると、**平均226回から330回へ約1・5倍**に増えています。1時間に50㎜以上の雨は、予報用語では「非常に激しい雨」と表現し、雨が滝のように降る（ゴーゴーと降り続く）というイメージです。

降水量とは、降った雨がそのままたまった場合の水の深さのこと。1時間で50㎜は、（雨が流れないとするならば）1時間で水深5㎝になるということです。

この「非常に激しい雨」が増えたことで、**「都市型水害」と呼ばれる災害が多発**しています。道路や地面が舗装された都市に河川や下水道の排水能力を超える大雨が降ると、雨が地中にしみ込む量が少ないため、短時間のうちに浸水が起こり、地下街やビルの地階などに流れ込んだり、車が通行できずに交通渋滞が起こったり、電気設備の浸水で停電したりして、都市機能を

1時間降水量50㎜以上の年間発生回数

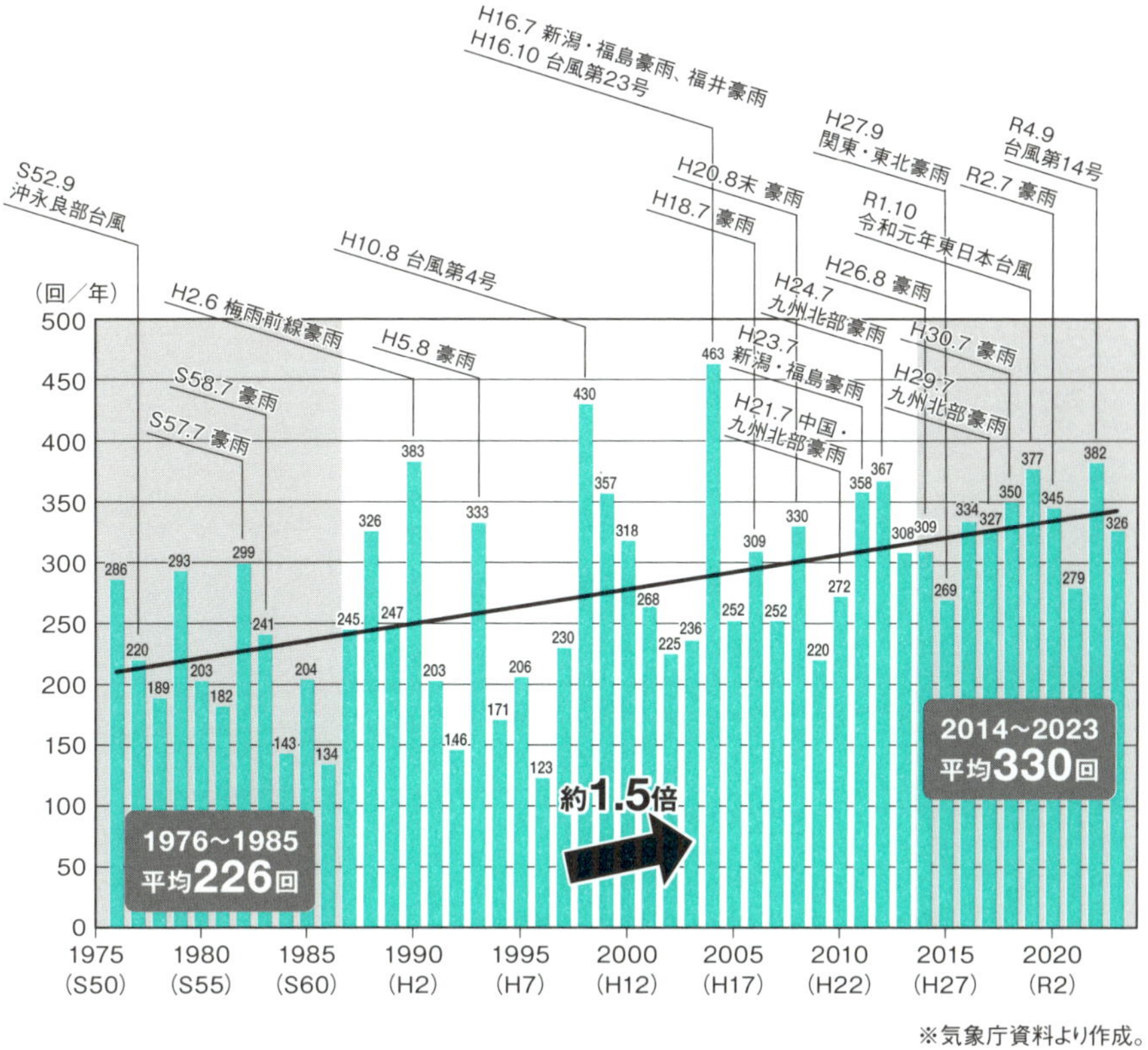

※気象庁資料より作成。

(国土交通省「水害レポート2023 雨の降り方の変化」をもとに作成)

時間雨量50㎜以上の年間発生回数は、
1976年から1985年の10年間の226回に対し、
2014年から2023年の10年間の平均回数は330回と約1.5倍に増加。
1時間降水量50㎜以上の年間発生回数は
アメダス1300地点あたりに換算した値

まひさせます。
「30年に一度の大雨」「100年に一度の大雨」という表現を聞くことも多くなったと思います。30年に1回の確率で降る可能性のある24時間降水量がどのくらいかというと、気象庁では「北日本では概ね100～200㎜で多いところでは300㎜以上」「西日本の太平洋側では概ね200～400㎜で多いところでは600㎜以上」「奈良県や三重県、宮崎県では700㎜以上の地点もある」と説明していて、地域によって大きな差があります。**普段の雨量が少ない地域では、同じ雨量でも災害のリスクが高まる**ため、より災害を意識した情報発信に変わってきたのです。

大雨災害の種類は、大きく「洪水」「浸水」「土砂災害」の3つに分けられます。

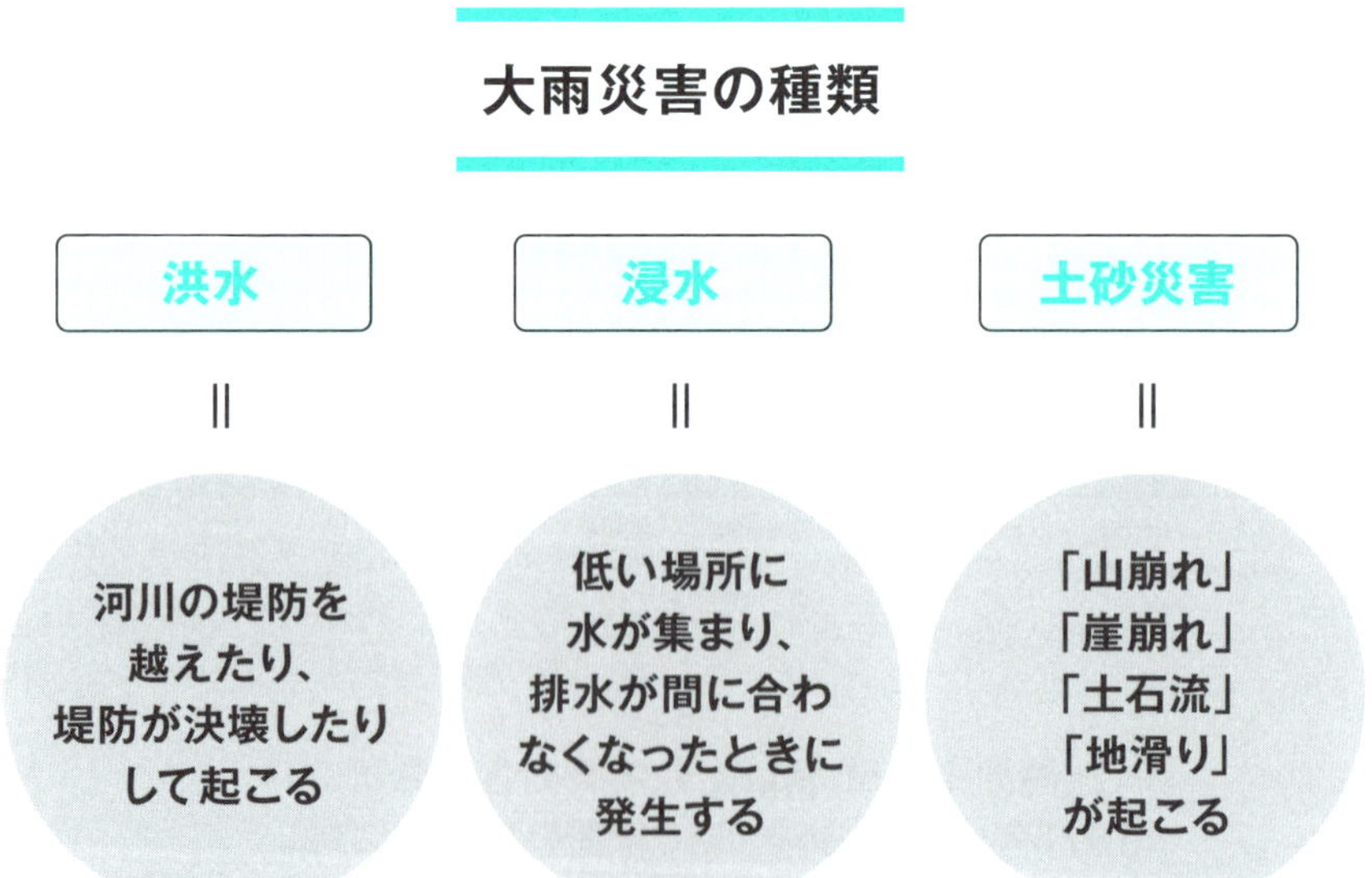
大雨災害の種類
洪水
浸水
土砂災害
＝
＝
＝
河川の堤防を越えたり、堤防が決壊したりして起こる
低い場所に水が集まり、排水が間に合わなくなったときに発生する
「山崩れ」「崖崩れ」「土石流」「地滑り」が起こる

洪水は、大雨や融雪《ゆうせつ》（雪が解けること）によって増水することで河川の堤防を越えたり、堤防が決壊したりして起こります。「外水氾濫《がいすいはんらん》」とも呼ばれます。

浸水は、排水が追いつかないほどの大雨により、低い場所に水が集まったり、下水道があふれたりすることで起こります。増水や高潮によって排水先の河川の水位が高くなり、排水できなくなったときにも発生します。こちらは「内水氾濫《ないすいはんらん》」とも呼ばれます。

土砂災害は「山崩れ」「崖崩れ」「土石流」「地滑り」の4つに分類されます。山崩れは、山の斜面が急激に崩れ落ちる現象。崖崩れは、自然の急傾斜の崖や人工的な急な斜面が崩壊する現象。土石流は、土砂や岩石が多量の水分を伴って流れ下る現象で、山津波や鉄砲水とも呼ばれます。地滑りは、斜面の土壌が比較的ゆっくり滑り落ちる現象です。

狭い範囲に短時間で数十㎜の雨が降る**「局地的な大雨」による被害は、10分程度で発生**することがあります。判断を誤ると命を落とすことにつながるので、事前の準備、大雨が降り出したときの正しい対応が大事です。

大雨事前対応

雨の量と被害をイメージし、危機感を伝える情報を活かす

事前にできることは大雨のイメージを持つことです。どのくらいの雨が降ったら、どのような状況になるのか。雨の強さを表す予報用語には、人の受けるイメージや人への影響などが示されています（63ページ「雨の強さと影響」参照）。

1時間に10㎜以上～20㎜未満の「やや強い雨」は、ザーザーと降り、地面からの跳ね返りで足元がぬれます。

20㎜以上～30㎜未満の「強い雨」は、土砂降りで、傘をさしていてもぬれます。

30㎜以上～50㎜未満の「激しい雨」は、バケツをひっくり返したように降り、傘をさしていてもぬれ、道路が川のようになります。車を高速道路で運転すると、コントロールが利かなくなるおそれがあります。

50㎜以上～80㎜未満の「非常に激しい雨」は、滝のように、ゴーゴーと降り続き、傘がまったく役に立たず、水しぶきで辺り一面が白っぽくなり、視界が悪くなります。これ以上の雨での車の運転は危険です。

80㎜以上の「猛烈な雨」は、息苦しくなるような圧迫感があり、恐怖を感じるほどです。もちろん傘がまったく役に立たず、視界が悪くなります。

天気予報で「非常に激しい雨」や「猛烈な雨」が予想されているときは、特に空模様の変化に気を配り、河川や崖のそばなど危険な場所に近づかないようにしてください。

また、重大な災害につながるような大雨は、数日前からある程度はわかるようになってきました。例えば、「早期注意情報（警報級の可能性）」で週末に大雨の可能性が「高」の場合は、外出の予定を変更することで危険を回避することができます。「線状降水帯」による大雨の可能性について、半日前から呼びかける情報提供も始まりました。これら危機感を伝える情報が出たときは、大雨災害に対する心構えを一段高めて、自ら情報を集めたり、避難場所を確認するなどの防災行動をとってください。

大雨いま対応
「キキクル（危険度分布）」で確認して、安全を確保する

大雨による災害発生の危険度の高まりを地図上で確認できる気象庁の**「キキクル（危険度分布）」を見ることで、「土砂災害」「浸水」「洪水」のどの災害が、どこで発生しそうな状況にあるのかが誰でもリアルタイムにわかる**ようになりました。

キキクルの「危険（色表示は紫）」は警戒レベル4相当で、自治体が避難指示を発令するときの基準となる情報です。ハザードマップで土砂災害警戒区域等に指定されている場所に住んでいて、土砂キキクルが「危険（色表示は紫）」になったときは、直ちに警戒区域の外へ立ち退き避難をしてください。崖崩れや土石流は、建物などに壊滅的な被害をもたらすため、自宅にとどまるのは危険です。

洪水キキクルが「危険（色表示は紫）」になった場合も避難場所へ行くなどの立ち退き避難

Saita's memo
土砂災害警戒区域の指定 崖崩れは急傾斜地の高さの2倍以内。土石流は勾配2度以上の急な谷底の低地や扇状地。

が原則ですが、次の3つの条件が確認できれば自宅にとどまる「屋内安全確保」が可能です。①ハザードマップなどで家屋倒壊等氾濫想定区域に入っていないこと、②想定される浸水深より居室が高いこと、③水がひくまで我慢できるだけの、水・食料などの備えが十分にあることです。

浸水キキクルが「危険（色表示は紫）」になったときは、住宅の地下室や道路のアンダーパス（地下へ潜る立体交差）など周囲より低い場所は避けて、屋内のより高い場所などへ移動して安全を確保してください。

高齢者などで避難に時間がかかりそうな人は、各キキクルが「警戒（色表示は赤）」になったら行動を始めることで、時間に余裕をもって安全を確保することができます。

一方、**各キキクルが「災害切迫（色表示は黒）」になったときには、すでに河川が氾濫したり、土砂災害が発生・切迫していたりする状況のため、直ちに身の安全を確保する行動**をとらなければなりません。例えば、自宅では少しでも高い場所、崖から離れた側の部屋に移動したり、近くのビルやマンションなど少しでも堅牢な建物の高層階といった相対的に安全な場所へ移動したりすることです。

家の周りが浸水したり、外に出るのが危険な雨の降り方をしている場合も、少しでも安全な場所へ移動することを考えてください。最新情報の入手は、速報や災害・避難情報をプッシュ通知する「ＮＨＫ ニュース・防災」アプリのようなスマートフォンアプリを活用するといいでしょう。

大雨事後対応

雨が止んでも増水に注意し、崖などの危険な箇所には近づかない

大雨が止んで晴れ間が見えるとほっとします。でも、まだ油断はできません。災害は遅れて発生することがあるからです。

まず、**河川や用水路に近づかないこと**。上流で降った大雨が下流に流れてくるまでには時間がかかります。雨が止んだあとでも洪水のおそれは残っていますので、洪水キキクルのレベルが下がるまでは油断しないでください。普段は穏やかに水が流れる小さな河川や用水路でも、水量が増えて流れが速くなっていることがあります。水があふれていると、道路との境がわからなくなり転落するかもしれません。

雨が止んでも道路のアンダーパスは冠水したままかもしれません。水深30cmでも車のマフラーから水が入ると動かなくなるおそれがあります。水深50cmでドアを開けることができなくなり、水深1mでは浮いて流されます。迂回するなどして危険を避けてください。

もちろん斜面や崖に近づくことは禁物です。土の中に多量の水分が含まれて崩れやすくなっているため、雨が止んでしばらくして崖崩れなどの土砂災害が発生する場合があります。土砂キキクルを参考にしながら、数日間は気を付けましょう。

台風は大雨、暴風、波浪など複合的な被害をもたらす

台風のもとは、海面水温が高い低緯度で発生するたくさんの積乱雲です。この積乱雲が集まって渦をつくることで「熱帯低気圧」となり、さらに発達して中心付近の最大風速が毎秒17・2m以上になると「台風」と呼ばれます。

台風は上空の風に流されたり、台風周辺の気圧配置の影響を受けたりして移動します。典型的な台風の経路は、始めは東風（貿易風）に流されて西へ進み、太平洋高気圧の周りを北上して、偏西風の影響を受けると速度を上げながら北東へ進みます。ただし、太平洋高気圧の張り出しや偏西風が流れる緯度は季節によって変化するため、台風の主なコース（経路）は月ごとに違います。

30年間（1991〜2020年）の平均では、台風の発生は年間で約25個。そのうち約12個の台風が日本から300km以内に接近し、約3個が日本に上陸しています。

台風は巨大な空気の渦巻きであり、地上付近では（上から見て）反時計回りに強い風が吹き込んでいます。その渦巻きの進行方向に向かって右の半円（危険半円）では、台風自身の風と台風を移動させる周りの風が同じ方向に吹いているので、特に風が強まって被害が発生しやす

くなります。

左の半円（可航半円）では、台風自身の風の方向と周りの風の方向が逆になるので、右の半円に比べると風速が小さくなります。**渦の中心は、「台風の眼」と呼ばれていて、比較的風の弱い領域**があります。しかし、**台風の眼が通過したあとは風向きが反対の強い風が吹き返す**ため油断してはいけません。

台風がもたらす被害は風だけではありません。台風は積乱雲がまとまった渦ですから、大雨を降らせます。しかも、強い風を伴うので横殴りの雨になります。また、**日本付近に前線が停滞していると、台風から流れ込む暖かく湿った空気が前線の活動を活発化させるため、台風から離れた場所に大雨を降らせる**ことがあります。

気象庁が発表している気象に関する警

台風の天気図

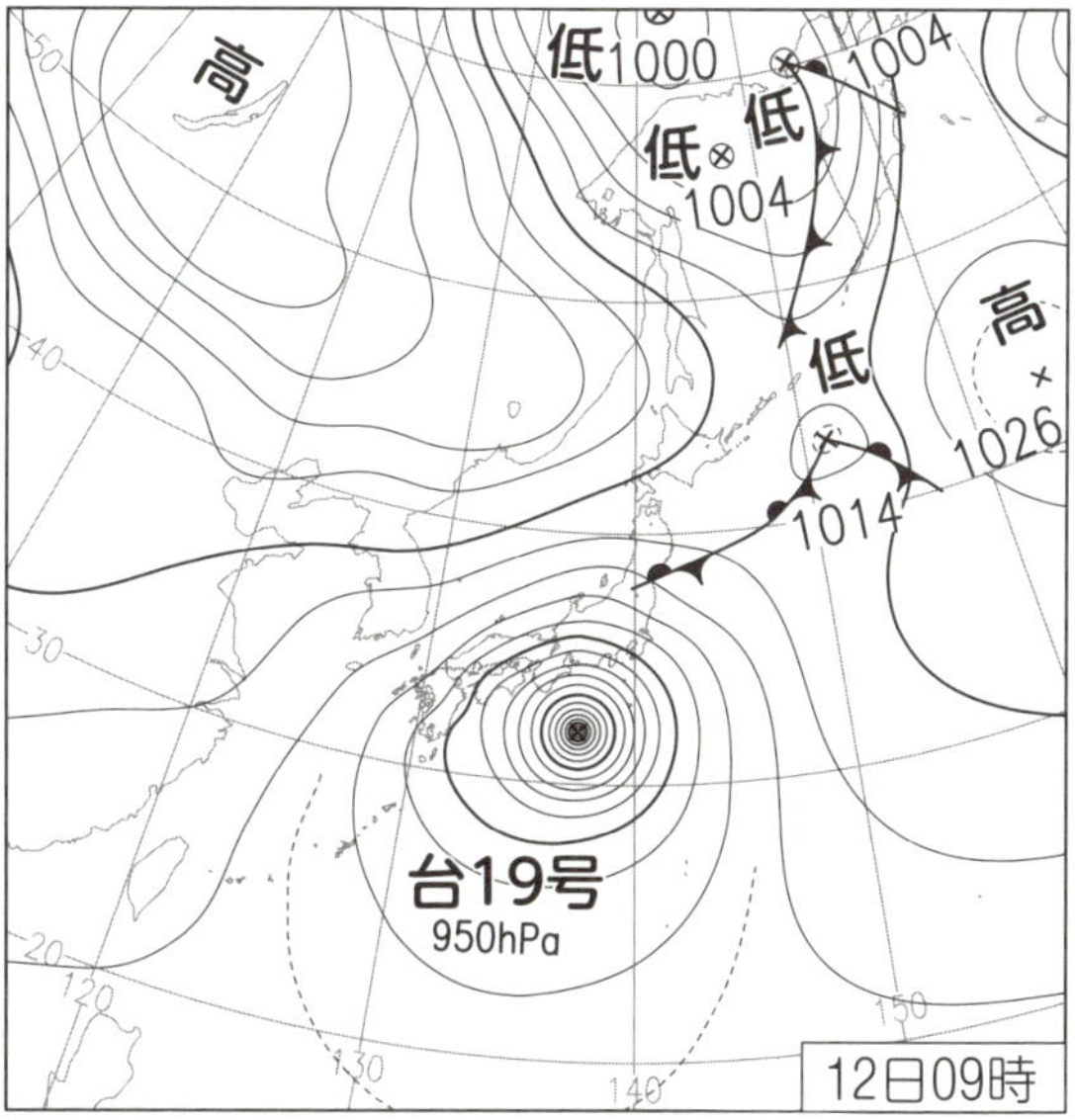

2019年10月12日9時の天気図

（気象庁「日々の天気図」をもとに作成）

「令和元年東日本台風（台風19号）」が伊豆半島に上陸し東日本と東北に大雨特別警報が出された

Saita's memo
可航半円 台風の進行方向の左の半円は、右の半円（危険半円）に比べて風速が小さくなるので、船舶が避難しやすい。

報は、大雨警報、洪水警報、大雪警報、暴風警報、暴風雪警報、波浪警報、高潮警報の7種類ですが、そのうち**大雨、洪水、暴風、波浪、高潮の5種類の警報が同時に発表されることが多く、広範囲でさまざまな被害が発生**します。

台風は恐ろしい存在ですが、**近づくことが予想できる災害であり、時間の猶予**があります。身を守るために、気象情報・台風情報を基に、段階を追って準備をすることができます。

台風事前対応

台風の影響が現れる前に台風対策を済ませておく

台風の進路は「予報円」で表されます。この円は表示された時刻に台風の中心が70％の確率で到達する範囲を示していて、円の中心ほど通る確率が高いとは限りません。ただ、予報円は以前よりずいぶん小さくなっています。

気象庁は台風進路予報の精度向上とともに、予報円の大きさと暴風警戒域を絞り込んで発表しています。暴風警戒域とは、台風の中心が予報円内に進んだ場合に風速25ｍ以上の暴風となるおそれのある範囲のこと。２０２３年には、３日先以降の予報円が大きく改善し、**5日先の予報円の半径はこれまでと比べて最大40％小さく**なりました。**台風の影響を受ける範囲をより絞り込んで、対策ができる**ようになっています。

Saita's memo

台風の大きさ　強風域（風速15m/s以上の半径）で区分。大型（500km以上～800km未満）。超大型（800km以上）。

台風の月別の主な経路

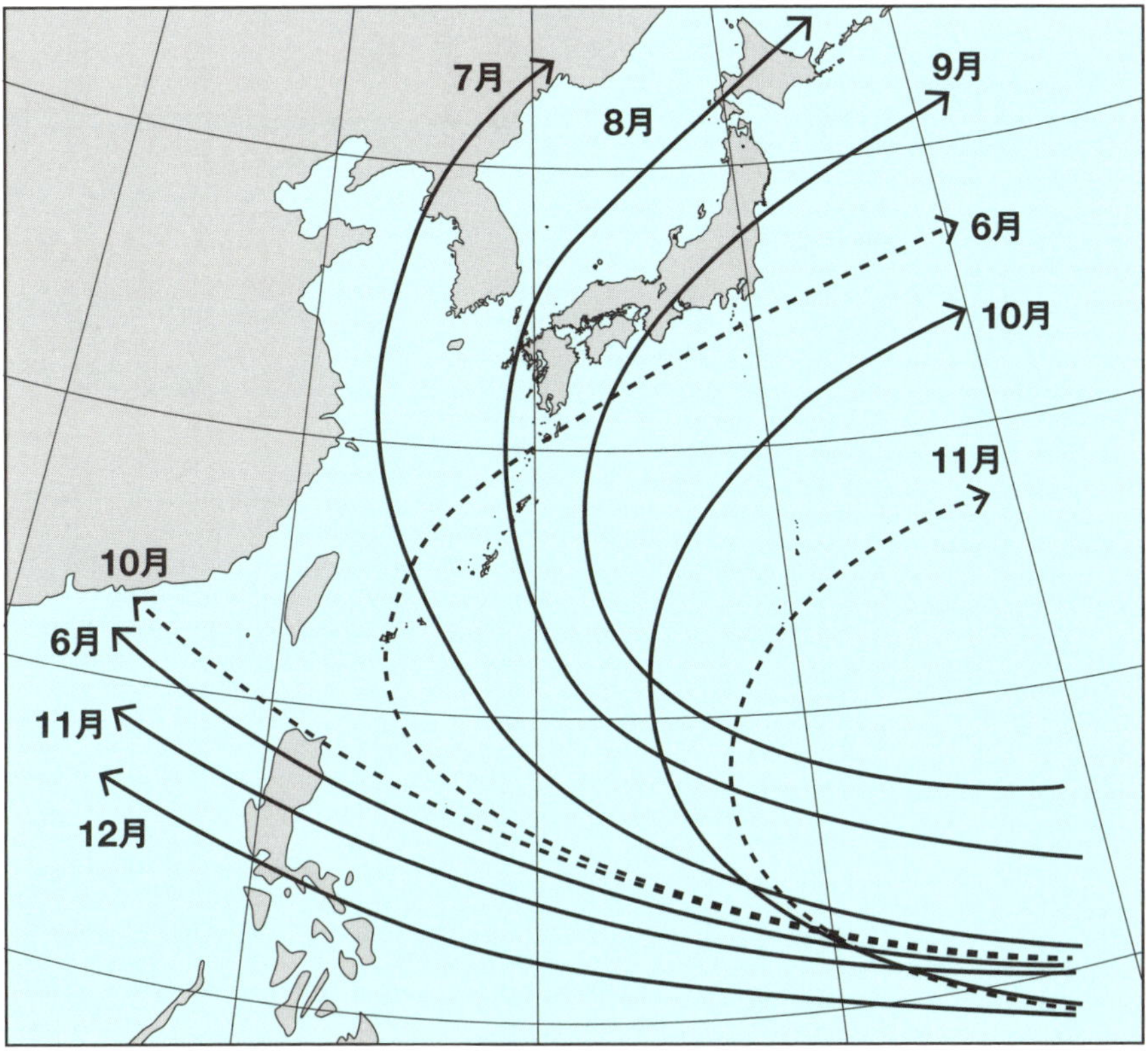

※実線は主な経路、破線はそれに準ずる経路。

（気象庁「台風の発生、接近、上陸、経路」をもとに作成）

台風は、春先は低緯度で発生し、西に進んでフィリピン方面に向かう。夏になると発生する緯度が高くなり、図のように太平洋高気圧の周りを回って日本に向かって北上する台風が多くなる

Saita's memo

台風の強さ　最大風速で区分。強い（33m/s以上～44m/s未満）、非常に強い（44m/s以上～54m/s未満）、猛烈な（54m/s以上）。

では、具体的な台風対策です。

台風の影響が最初に現れるのは海です。台風が遠く離れていて、穏やかに晴れていても、海岸には「うねり」が届いて波が高くなります。うねりは、水深の浅い海岸（防波堤、磯、浜辺など）付近では海底の影響を受けて急激に高波になることがあるため、釣りやサーフィン、海を見るために海岸へ出かけた人が高波にさらわれる事故が毎年のように起きています。

また、すでに述べたように、日本付近で前線の活動が活発化した場合は、台風の接近前から大雨に備える必要があります。

台風の進路予想を見て、自分がいる場所に近づくことが予想されるときは、**風や雨が強まる前日までに準備**を済ませましょう。

強い風に備えて、屋外の植木鉢や自転車などは固定したり室内に移動したりする。大雨に備えて、排水口や側溝に泥などがたまっていたら掃除をして水はけをよくしておく。低地に住んでいる場合は浸水の危険性を意識して、ぬれると困るものを高い場所（2階建ての家なら2階へ）に動かしておくなど、被害を軽減する取り組みが必要です。

また、**停電に備えて懐中電灯や携帯ラジオの電池の状態を確認**しておく。スマートフォンやモバイルバッテリーの充電も済ませる。**断水に備えてトイレなどで使う生活用水を浴槽に張っておく**など、ライフラインを確保する必要があります。

風の強さと吹き方

平均風速の1.5倍程度

風の強さ（予報用語）	平均風速（m/s）	人への影響	屋外・樹木の様子	走行中の車	建造物	おおよその瞬間風速（m/s）
やや強い風	10以上 15未満	風に向かって歩きにくくなる。 傘がさせない	樹木全体が揺れ始める。 電線が揺れ始める	道路の吹流しの角度が水平になり、高速運転中では横風に流される感覚を受ける	樋（とい）が揺れ始める	20
強い風	15以上 20未満	風に向かって歩けなくなり、転倒する人も出る。 高所での作業は極めて危険	電線が鳴り始める。 看板やトタン板が外れ始める	高速運転中では、横風に流される感覚が大きくなる	屋根瓦・屋根葺材がはがれるものがある。 雨戸やシャッターが揺れる	30
非常に強い風	20以上 25未満	何かにつかまっていないと立っていられない。 飛来物によって負傷するおそれがある	細い木の幹が折れたり、根の張っていない木が倒れ始める。 看板が落下・飛散する。 道路標識が傾く	通常の速度で運転するのが困難になる	屋根瓦・屋根葺材が飛散するものがある。 固定されていないプレハブ小屋が移動、転倒する。 ビニールハウスのフィルム（被覆材）が広範囲に破れる	
	25以上 30未満					40
猛烈な風	30以上 35未満	屋外での行動は極めて危険		走行中のトラックが横転する	固定の不十分な金属屋根の葺材がめくれる。 養生の不十分な仮設足場が崩落する	50
	35以上 40未満		多くの樹木が倒れる。 電柱や街灯で倒れるものがある。 ブロック壁で倒壊するものがある		外装材が広範囲にわたって飛散し、下地材が露出するものがある	60
	40以上				住家で倒壊するものがある。 鉄骨建造物で変形するものがある	

（気象庁「風の強さと吹き方」をもとに作成）

台風の勢力や進路によって、風の強さは変わってきますので、自分がいる場所でどのくらいの風が吹いて、どのような状況になるのか。「風の強さと吹き方」を参考にイメージして、避難行動や備蓄の確認をしてください。

風の強さには、「平均風速（10分間の平均）」と「瞬間風速（3秒間の平均）」の2種類があります。瞬間風速30m/s（平均風速20m/s）以上で、看板やトタン板が外れ始めて、飛来物でケガをするおそれがあります。瞬間風速40m/s（平均風速25m/s）以上で、屋外での行動は極めて危険となり、走行中のトラックが横転することがあります。瞬間風速50m/s（平均風速35m/s）以上では、電柱が倒れて大規模な停電が発生するおそれがあります。瞬間風速60m/s（平均風速40m/s）以上では、倒壊する家屋が出てくるため、頑丈な建物に避難する必要があります。

大事なことは、**風が強まってからでは屋外への避難は危険を伴うため、状況が悪化する前に避難する**こと。特に高潮による浸水は暴風が吹いている状況で必ず発生しますので、海岸の近くに住んでいる人は「高潮警報」や「高潮注意報（警報に切り替える可能性が高い旨に言及されているもの）」が発表されたら、風が強まる前に速やかに高台の安全な場所へ移動してください。

台風いま対応

台風が去るまでは屋内にいて台風情報をこまめにチェック

台風が接近したら、屋内にいて外には出ないこと。強い風で飛ばされたもので窓ガラスが割れることがあるので、**雨戸やカーテンを閉めてください**。

台風の暴風域に入る時間帯に外に出ることは危険です。風が強く吹いていなくても、急激に強まることがあるので、外の様子を見に行くことはやめてください。

テレビやラジオ、スマートフォンのアプリなどで台風情報や警報の発表を細かくチェックし、台風が通り過ぎるのを待ちましょう。

洪水や崖崩れの危険を感じたときは、自治体が発表する避難情報を待たずに自主避難してください。129ページでも述べたように、避難とは必ずしも避難所などへ行くことではありません。安全を確保する行動をとることです。

台風事後対応

台風が過ぎてから災害発生も。飛来物や切れた電線には要注意

台風が過ぎて、雨が止んでも安心はできません。大雨の項目と同じように、降り続いた雨による土砂災害や洪水の危険は残っています。避難していた場合は、すぐに自宅に戻ったりせず、まずはキキクル（危険度分布）や自治体の情報などで安全を確認してください。

河川は増水しており、台風通過後に上流から流れてくる水であふれることもあります。強風によって飛ばされた危険物が路上などに散乱しているかもしれません。住宅などの破損した外壁などが落ちてくるかもしれません。**切れた電線は感電の危険**があります。絶対に触らないでください。

炎天下にいなくてもなる熱中症は予防することができる

猛暑は米や野菜、果実の品質や収穫量に大きな影響を与えます。深刻な食料不足を軽減するために、高温に対応した品種を栽培したり、施設園芸・植物工場といった気象条件に左右されない農業も増えていますが、人への被害である**「熱中症」についても新たな対策が必要な状況**になってきました。

猛暑が続いた2023年の夏は、全国の熱中症による救急搬送人員の累計（5〜9月）は9万1467人でした。2008年の調査開始以降で過去最多となった2018年の9万5137人に迫り、過去2番目に多い搬送人員です。

新型コロナウイルスが猛威を振るっていた期間は屋外での行動を自粛していたこともありやや減りましたが、今後はさらに増えていくことが予想されます。

熱中症は、暑さなどによって体温が上がり、体内の水分や塩分のバランスが崩れたり、体温の調節機能が働かなくなったりして、体内に熱がこもった状態のこと。立ちくらみや筋肉痛、こむら返りのような筋肉の硬直、大量の発汗、頭痛、吐き気、倦怠感などの症状がありますが、悪化すると意識障害や高体温を引き起こして、死亡することがあります。

年別の熱中症による救急搬送の件数 2008〜2023年の5〜9月

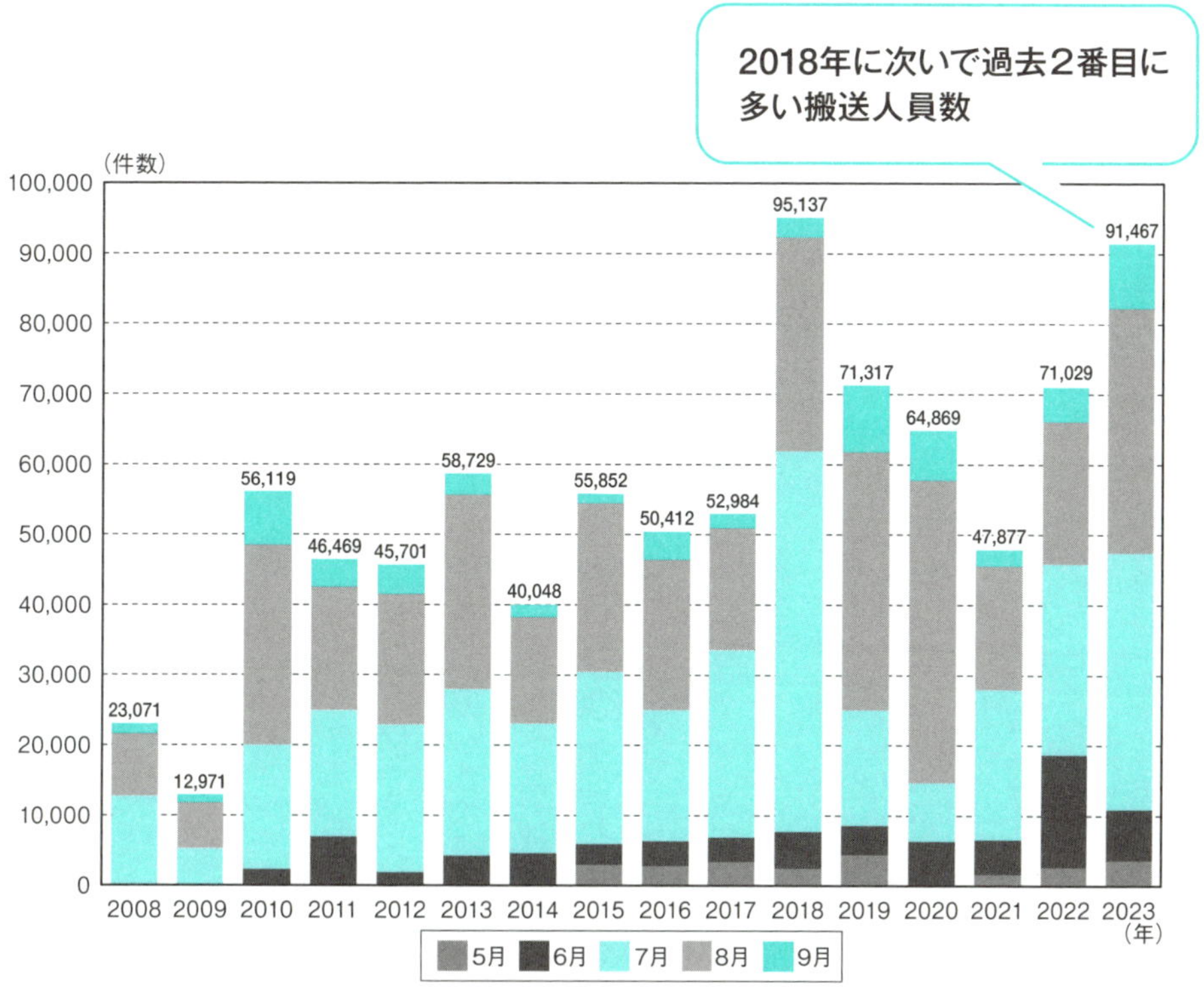

（総務省「報道資料 令和5年（5月から9月）の熱中症による救急搬送状況」をもとに作成）

2023年に救急搬送された人員の年齢区分別では、高齢者（満65歳以上）が最も多く54.9%、次いで成人（満18歳以上満65歳未満）33.8%、少年（満７歳以上満18歳未満）10.5%、乳幼児（生後28日以上満７歳未満）0.9%の順熱中症は炎天下で運動をしたとか、長時間いたことが原因で起こるイメージが強いかもしれませんが、**夜間に家の中で発症して、死亡する事例**も増えています。年間1500人以上の方が亡くなる年もありますので、習慣や社会システムを整えることで、予防する必要があります。

猛暑事前対応
体を暑さに慣れさせていく

事前にできる熱中症対策として、暑くなる前、5月頃から体を暑さに慣れさせる**「暑熱順化《しょねつじゅんか》」**という方法があります。熱中症の危険が高まる前に、無理のない範囲で汗をかくことが大切。普段の生活でできることは、運動をする、シャワーだけでなく湯船につかる、通勤通学のときに1駅分歩く、エスカレーターやエレベーターを使わずに階段で上り下りするといったこと。ぜひ、挑戦してみてください。

猛暑いま対応
「暑さ指数」を意識して、「熱中症警戒アラート」が発表されたら外出を避ける

熱中症は「気温が高い」だけでなく、「湿度が高い」「風が弱い」「日差しが強い」「照り返しが強い」といった気象条件でも起こりやすくなります。このため、**熱中症予防の指標として考えられたのが「暑さ指数（WBGT）」**で、環境省の熱中症予防情報サイトで見ることができ

「熱中症警戒アラート」と「熱中症特別警戒アラート」の違い

	熱中症警戒情報	熱中症特別警戒情報
一般名称	熱中症警戒アラート	熱中症特別警戒アラート
位置づけ	気温が著しく高くなることにより熱中症による**人の健康に係る被害が生ずるおそれがある**場合 （熱中症の危険性に対する気づきを促す）	気温が**特に**著しく高くなることにより熱中症による**人の健康に係る重大な被害が生ずるおそれがある**場合 （全ての人が、自助による個人の予防行動の実践に加えて、共助や公助による予防行動の支援） **〈過去に例のない広域的な危険な暑さを想定〉**
発表基準	**府県予報区等内のいずれか**の暑さ指数情報提供地点における、日最高暑さ指数（WBGT）が**33**（予測値、小数点以下四捨五入）に達すると予測される場合	**都道府県内**において、**全ての**暑さ指数情報提供地点における翌日の日最高暑さ指数（WBGT）が**35**（予測値、小数点以下四捨五入）に達すると予測される場合 （上記以外の自然的社会的状況に関する発表基準について、令和6年度以降も引き続き検討）
発表時間	**前日17時**頃及び **当日5時**頃	**前日14時**頃 （前日10時頃の予測値で判断）
発表色	紫	黒

（環境省「「熱中症特別警戒アラート」等の運用を開始します 熱中症警戒アラート・熱中症特別警戒アラートについて」をもとに作成）

2024年4月から「熱中症特別警戒アラート」（表右）の運用が始まった。都道府県内の全ての暑さ指数情報提供地点で翌日の日最高暑さ指数（WBGT）が35に達すると予測される場合に発表される。暑さ指数が33以上になった場合に発表する従来の「熱中症警戒アラート」（表左）よりも強く呼びかける

ます。「注意（21以上～25未満）」で積極的に水分補給、「警戒（25以上～28未満）」で積極的に休憩、「厳重警戒（28以上～31未満）」で激しい運動は中止、「危険（31以上）」で運動は原則中止など生活や運動の目安が示されていて、保育園や学校の行事にも活用されています。

さらに**指数が33以上になると予想されたときには、環境省と気象庁から「熱中症警戒アラート」が発表**されます。２０２１年から全国を対象に運用が始まっていて、危険な暑さへの注意を呼びかけ、熱中症予防行動をとることを促しています。発表された情報はテレビ・ラジオなどの報道機関、防災無線、ＳＮＳを通じて発信されます。

熱中症警戒アラートが発表されたときは、

①昼夜を問わずエアコンを使用して温度調節をする
②外出をできるだけ控え、暑さを避ける
③高齢者、子どもなど熱中症のリスクが高い人に、エアコンの使用や水分・塩分補給の声がけをする
④外での運動は原則として中止・延期をする
⑤喉が渇く前に水分・塩分を補給する
⑥身の周りの暑さ指数（ＷＢＧＴ）を確認する

など熱中症の予防行動をとってください。

もちろん、「熱中症警戒アラート」が発表されていなくても、日頃から屋外にいるときは日傘をさすことで直射日光を避けたり、水筒を携帯するなどして水分・塩分をいつでも補給できたりするようにしておくことが大切です。室内なら適切にエアコンを使いましょう。また買い物などでどうしても外出しなければならないときは、暑い時間帯を避けて、比較的気温が低い時間帯に出かけるといった対策ができます。

そして、２０２４年から**「熱中症特別警戒アラート」の運用が新たに始まりました。過去に例のない暑さとなり広域で健康に重大な被害が出るおそれがある場合に発表される情報**で、都道府県内の全ての観測地点で暑さ指数の予測値が35以上になった場合に発表されます。自分だけでなく、周りの人の命を守るように呼びかけられます。

具体的には、学校の校長や経営者、イベントの主催者などに対しては熱中症対策が徹底できない場合、運動やイベントの中止や、リモートワークなどへの変更を判断するよう呼びかけること。

自宅にエアコンがない人などが避難する場所として、公共施設や商業施設を「クーリングシェルター」として提供することになっています。

猛暑事後対応

熱中症になって意識がなければ、ためらわずに救急車を呼ぶ

熱中症を防ぐ行動をとることは大切ですが、自分や家族が熱中症になったとき、なった人を

見かけたときに、どう対処すればいいのかも知っておきましょう。基本は、涼しい場所へ移動し、体を冷やし、水分を補給し、意識がないときは救急車を呼ぶことが重要です。

厚生労働省では、熱中症が疑われる人を見かけたら、

①エアコンが効いている室内や風通しのよい日陰など、涼しい場所へ避難させる
②衣服をゆるめからだを冷やす。特に、首の周り、脇の下、足の付け根など
③経口補水液などを補給する

ことを呼びかけています。

さらに、自力で水分が飲めず、呼びかけに応えない、呼びかけに対する返事がおかしい場合は、ためらわずに救急車を呼んでください。このとき、**無理に水分を飲ませてはいけません。**水分が誤って気道に流れ込む可能性があるからです。

熱中症は誰でもなる可能性がありますので、自分の体力を過信しないことが大切です。

実は私自身も熱中症になったことがあります。家族で旅行中に、子どもに水分補給をさせることに気をとられていて、自分はほとんど水分をとっていませんでした。体のだるさを感じながらも眠ってしまった子どもを抱えて帰宅し、体温を測ると39℃を超えていました。冷凍庫に入っていた保冷剤で体を冷やし、経口補水液をつくって飲むことで、翌朝には回復することができましたが、気象予報士として恥ずかしい経験です。熱中症を悪化させないためには、無理をしないで周りに助けを求めることも大切でしょう。

Saita's memo
経口補水液のつくり方　水1ℓに対して、砂糖40g（大さじ4と½）と食塩3g（小さじ½）を溶かす。

熱中症の応急処置

チェック1 熱中症を疑う症状がありますか？

（めまい・失神・筋肉痛・筋肉の硬直・大量の発汗・頭痛・不快感・吐き気・嘔吐・倦怠感・虚脱感・意識障害・けいれん・手足の運動障害・高体温）

↓ はい

チェック2 呼びかけに応えますか？

→ いいえ：

救急車を呼ぶ

救急車が到着するまでの間に応急処置を始めましょう。呼びかけへの反応が悪い場合は無理に水を飲ませてはいけません

↓

涼しい場所へ避難し、服をゆるめ体を冷やす

氷のう等があれば、首、わきの下、太もものつけ根を集中的に冷やしましょう※

↓

医療機関へ

本人が倒れたときの状況を知っている人が付き添って、発症時の状態を伝えましょう

↓ はい（チェック2）

涼しい場所へ避難し、服をゆるめ体を冷やす

↓

チェック3 水分を自力で摂取できますか？

→ いいえ：医療機関へ

↓ はい

経口補水液などを補給する

経口補水液を一時に大量に飲むと、ナトリウムの過剰摂取になる可能性もあります。腎臓、心臓等の疾患の治療中で、医師に水分の摂取について指示されている場合は、指示に従ってください

↓

チェック4 症状がよくなりましたか？

→ いいえ：医療機関へ

↓ はい

そのまま安静にして十分に休息をとり、回復したら帰宅しましょう

※スポーツや激しい作業・労働等によって起きる労作性熱中症の場合は、全身を冷たい水に浸す等の冷却法も有効です。

（厚生労働省「熱中症予防のための情報・資料サイト」をもとに作成）

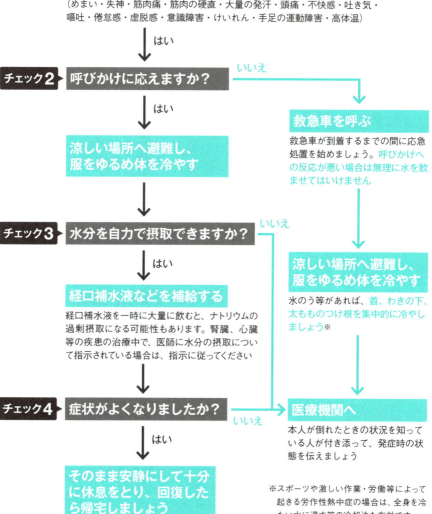

日本海側と太平洋側では雪の降るメカニズムが大きく違う

近年の大雪では、短時間で大量の雪が降る「ドカ雪」によって、数百、数千台の車が何㎞も立ち往生して大渋滞という事態が起きています。特に、雪の少ない地域の車が雪の多い地域へ移動して立ち往生し、その車両を先頭に大規模な立ち往生が発生するケースがしばしば起きていますので、誰もが雪の影響と対策を知っておく必要があります。

大雪になると、鉄道の運休や立ち往生、航空機・船舶の欠航などの交通への影響、農業用ハウスの倒壊や果樹の枝折れなどの農業被害、停電などが発生し、経済活動にも影響を与えます。また、集落の孤立や家屋の倒壊などの重大な災害が発生することがあります。

冬になると、天気予報でよく聞く**「西高東低の冬型の気圧配置」**。このときは北西の風に乗って雪雲が流れ込むため、**日本海側を中心に雪が降ります**。ただし、**風の強さやわずかな方向の違いなどによって、雪雲は太平洋側まで流れ込む**ことがあります。例えば、琵琶湖周辺は山が低いために、北西の風が強いときは、岐阜県の関ケ原町や名古屋など東海地方に雪雲が流れ込むことで、東海道新幹線などの交通に影響を与えます。

西日本から東日本の太平洋側で降る雪の多くは、南の海上を東寄りに進む低気圧によるもの

スマートフォンでも確認できる「今後の雪」情報

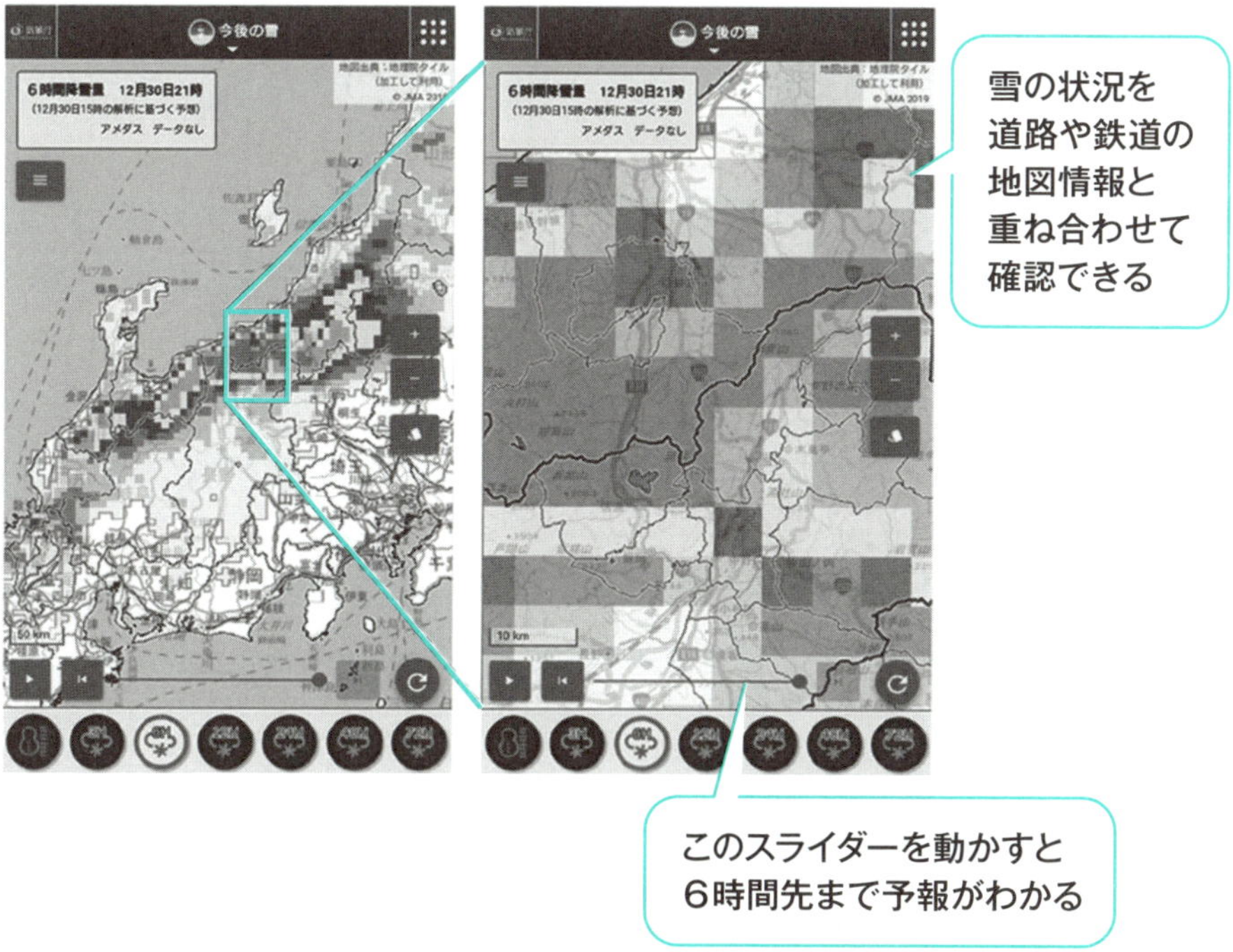
今後の雪
6時間降雪量　12月30日21時
(12月30日15時の解析に基づく予想)
アメダス　データなし
雪の状況を
道路や鉄道の
地図情報と
重ね合わせて
確認できる
このスライダーを動かすと
6時間先まで予報がわかる

（気象庁「気象業務はいま2022 気象庁ホームページ「今後の雪」の表示例」をもとに作成）

気象庁の「今後の雪」では、解析積雪深・解析降雪量と降雪短時間予報を公開。積雪の深さ、降雪量の24時間前からの実況と6時間先までの予測をスマートフォンやパソコンの地図上で確認できるで「南岸低気圧」と呼ばれています。関東地方は北側と西側を高い山に囲まれているので、大雪が降るのは南から影響を受ける南岸低気圧の場合がほとんどです。

日本付近で降る雨のほとんどは、上空で雪だったものが地上に降りてくる間に解けて雨になったもの。解けて雨になるか、解けずに雪のまま降るかは、地上付近の気温や湿度によって決まります。気温や湿度は、低気圧の進むコースや発達の程度、内陸部から移動してくる冷たい空気といったさまざまなことが影響するため、南岸低気圧による雪の予測は難しいのです。

10㎜の降水量が雨として降ればたいしたことはありません。ところが雪として降ると約10㎝の〝大雪〟となり、都市部では交通などに大きな影響を与えます。そのため、雨か雪かの判断は極めて重要なのです。

天気予報では、「雨」「雨か雪」「雪か雨」「雪」の4種類を使います。雨か雪かの判断が難しいとき、雨の可能性が高ければ「雨か雪」、雪の可能性が高ければ「雪か雨」と発表されます。実際には「みぞれ」かもしれませんが、予報することは難しいのです。予報の対象地域の中で、雨になる地域のほうが雪になる地域よりも広いときは「雨か雪」。その逆は「雪か雨」です。

ＮＨＫ気象情報では、**私はできるだけ具体的に、「雨から雪に変わる」とか、「雨に雪が混じる程度で積もることはない」というふうに伝えています。**その予想にブレがあると判断したときは、ブレがあることを伝えた上で、雪が降っても大丈夫なように備えることを呼びかけてい

memo 雨と雪が混じって降る降水。予報することは難しいので、「雨か雪」「雪か雨」と表現することが多い。

大雪のおそれに応じて段階的に発表される気象情報と対応

気象状況

- 14日～6日前
- 大雪の数日～約1日前　大雪の可能性が高くなる
- ↓
- 大雪の半日～数時間前
- ↓
- 大雪の数時間～2時間程度前
- ↓
- 大雪となる
- ↓
- 雪の降り方が一層激しくなり、記録的な大雪のおそれがある
- ↓
- 広い範囲で数十年に一度の大雪

気象庁の情報・対応

早期天候情報

大雪に対する早期天候情報
〈冬季の日本海側〉
（その時期としては10年に１度程度しかおきないような著しい降雪量となる可能性が高まっているときに注意を呼びかけ）

早期注意情報（警報級の可能性）

大雪に関する気象情報
（概ねの対象地域や予想降雪量を示して、大雪となる可能性を共有）

大雪注意報

大雪警報に切り替える可能性が高い大雪注意報

記者会見
（大雪により社会的に影響が大きいと予想される場合に実施）

大雪に関する気象情報
（大雪に対する警戒を呼びかけ）

大雪警報

（大雪に対する一層の警戒を呼びかけ）

大雪に関する気象情報	顕著な大雪に関する気象情報
降雪が大雪情報の基準を大幅に上回る場合や、普段雪の少ない地域で大雪警報級の降雪が予想される場合	見出し文のみの短文形式情報 重大な災害の発生する可能性が高まり、一層の警戒が必要となるような短時間の大雪となることが見込まれる場合

降雪量や降雪予測、交通障害などの情報を短文で発表

大雪特別警報

記者会見
（大雪に対する最大級の警戒を呼びかけるために実施）

大雪による被害

- 鉄道の間引き運転（少雪地）
- 高速道路の通行止
- 交通機関の運休
- 立ち往生車両の発生
- 農業用ハウスや簡易的な建物の倒壊
- 幹線道路の通行止
- 孤立集落の発生
- 大規模な交通渋滞
- 住宅の倒壊

（気象庁「気象・地震等の情報を扱う事業者等を対象とした講習会 大雪に関する気象情報」をもとに作成）

ます。**天気予報を伝えるときは、被害を軽減することを何よりも優先**しています。

大雪事前対応
雪にまつわる注意報・警報の意味と影響を知る

大雪が降るおそれがあるときは、「大雪警報」や「大雪注意報」が発表されますが、**基準は地域によってずいぶん違います**。

東京地方（23区西部・東部）の大雪警報は、12時間降雪の深さ10㎝。注意報は12時間降雪の深さ5㎝で発表されます。スキー場が多くあり、雪への備えがしっかりしている新潟県中越（魚沼地域）では、警報が12時間降雪の深さ60㎝、注意報が12時間降雪の深さ35㎝というように、雪の影響を考慮して基準は設けられています。

吹雪になるおそれがあるときは、「風雪注意報」や「暴風雪警報」が発表されます。視界不良となり、車の運転も危険な状況になるおそれがあるので、予定の変更を考えてください。また、電線が切れるなどして停電が発生することがありますが、天気が回復するまで復旧作業ができずに、長期化するおそれがあります。懐中電灯や飲食物、毛布や使い捨てカイロなど電気を使わないで寒さをしのぐための用意が必要です。

雪に関する情報も段階的に発表されています。５日先までに警報級の大雪や暴風雪が予想されているときには、「早期注意情報（警報級の可能性）」が発表されます。そして、社会的影響の大きい災害が起こるおそれのあるときには、その約3～6時間前に「大雪警報」や「暴風雪警報」が発表されます。

さらに、**一層の警戒が必要となるような短時間の大雪が予想されるときは、「顕著な大雪に関する気象情報」が発表**されます。これは降雪の勢いが強く、除雪が追いつかないことで、大規模な交通障害が発生する可能性の高い状況を知らせる情報です。不要不急の外出を控えたり、ほかの地域からその地域に向かわないようにしてください。

雪の多い地域では「なだれ注意報」、電線に雪がこびりついて切れたりするおそれがあるときの「着雪注意報」、雪が解けて浸水や土砂災害が発生するおそれがあるときの「融雪注意報」などにも注意しましょう。

大雪いま対応
交通への影響を考えて、時間に余裕をもった行動を

気象庁ホームページの「今後の雪（降雪短時間予報）」を見ると、24時間前から現在までにどの地域で、どれくらい雪が降り、どのくらいの雪が積もっているか、今後6時間先までにどれくらいの雪が予想されるのかを地図上で確認することができます。拡大すると、地名や道路、

鉄道などが細かく表示されるため、出かける前に「今後の雪」を確認することで、出かける時間帯や目的地までの移動ルート、計画や日程の変更なども検討することができます。

雪が積もっていたり、これから積もるおそれがあったりする地域を車で運転するときは、スタッドレスタイヤを着用するか、チェーンを必ず用意してください。たった1台の車の立ち往生が、数千台の大渋滞のきっかけとなり、何時間、何日も車内で待機しなくてはならない状況を引き起こすおそれがあります。

吹雪で視界不良のときは十分な車間距離でスピードを控えめにし、少しでも不安を感じたら安全な場所で停車して、天気の回復を待ちましょう。吹雪になると方向感覚を失い、雪に慣れている人でも迷い歩いて凍死することがあります。雪道を運転するときは、万が一のために、雪かき用のスコップや飲食物、暖を取るための毛布や使い捨てカイロなどを車内に備えておいてください。

都市部では、数cmの積雪でも鉄道やバスなどの交通機関に遅延が発生することがあります。滑りやすい雪道で慌てて転倒しないためにも時間に余裕をもって行動してください。**転ばないためには、普段よりも歩幅は小さく、足の裏全体で踏みしめるように歩く、「ペンギン歩き」が有効**です。**荷物はリュックなどで背負い、両手はフリーな状態**にしておきましょう。

地下鉄・地下街の出入り口や屋外の階段、バスの乗降場所なども乗客に踏み固められて滑りやすい状態になっていることがあります。横断歩道の白線の上も水がしみ込みにくいので特に滑りやすいため要注意です。

また、**なだれ注意報が発表されているときは、山の斜面など危険な場所には絶対に近づかないこと**。屋根からの落雪も起こりやすいので、軒下などは気を付けてください。

大雪事後対応
雪が止んでも安心できない。翌朝の道路の凍結が怖い

雪が怖いのは降っているときだけではありません。大雪が降って屋根に雪が積もると、家が潰れないように雪下ろしをしなければなりませんが、屋根から転落する事故は毎年起こっています。**雪下ろしが必要なときは、必ず2人以上で、家族や近所の人と声をかけあって作業**してください。ヘルメットや命綱で安全対策をし、携帯電話を身に着けておきましょう。

屋根から落雪のおそれがあるので「頭上」に注意が必要ですが、雪が積もっていて道路と水路の区別がつきにくい場所もあるので「足元」にも注意して歩いてください。

雪が止んだあと、積もった雪は日中の気温の上昇で解けて、夜間の冷え込みで再び凍ることがあります。地面がツルツルになって滑りやすくなるので、天気予報では必ずと言っていいほど、翌朝の通勤・通学時に注意を呼びかけます。**「ブラックアイスバーン」**といって、**ぬれたアスファルト路面のように黒く見えるのに、実は表面が凍りついている路面**があります。自動車は急ブレーキや急発進、急ハンドルなど、急のつく運転は避けて、スリップ事故を起こさないようにしてください。

人の体に落雷すると8割の人が命を落とすからこそ気を付けること

雷のメカニズムにはひょうやあられが関わっています。**積乱雲の中で、ひょうやあられがぶつかることで静電気が発生し、そのたまった静電気と地上との間で電気が流れる現象が「落雷」**です。

全国各地の気象台や測候所の目視観測による雷日数（雷を観測した日の合計）の平年値（1991～2020年までの30年間の平均）を見ると、東北から北陸地方にかけての日本海沿岸の観測点で多く、金沢の45・1日が最多です。**雷は夏の夕方というイメージを持っている人もいるかもしれませんが、日本海側は冬に雷が多く、昼夜を問わず発生**します。

その傾向は落雷害の報告数にも現れています。2005～2017年の13年間の落雷害の数は、1540件。このうち約30％に当たる468件が8月に集中していますが、月別に見ると4～10月は太平洋側で多く、11～3月は日本海側で多くなっています。

雷は「周囲より高いもの」ほど落ちやすいという特徴があります。山頂や海辺のほか、公園やグラウンド、田畑など開けた場所にいると、**積乱雲から直接人体に雷が落ちる**ことがあり、この**「直撃雷」を受けた約8割の人が死亡**しています。

雷事前対応

雷鳴が聞こえたらすばやく建物の中に入って雷の通過を待つ

天気予報の中に「雷を伴う」や「大気の状態が不安定」というキーワードが出てきたら、雷が発生しやすい気象状況です。山や海などの落雷を避ける場所がない所には行かないようにしましょう。

雷注意報は、落雷のほか、急な強い雨、竜巻などの突風、降ひょうといった積乱雲の発達に伴って発生する激しい気象現象が、人や建物に被害を与えるおそれがあると予想されたときに発表されます。発表は雷などが発生する数時間前がめどです。外出する前には、気象庁のホームページで雨雲の動きや雷の実況を確認しましょう。

雷日数の平年値（1991～2020年までの30年間の平均）

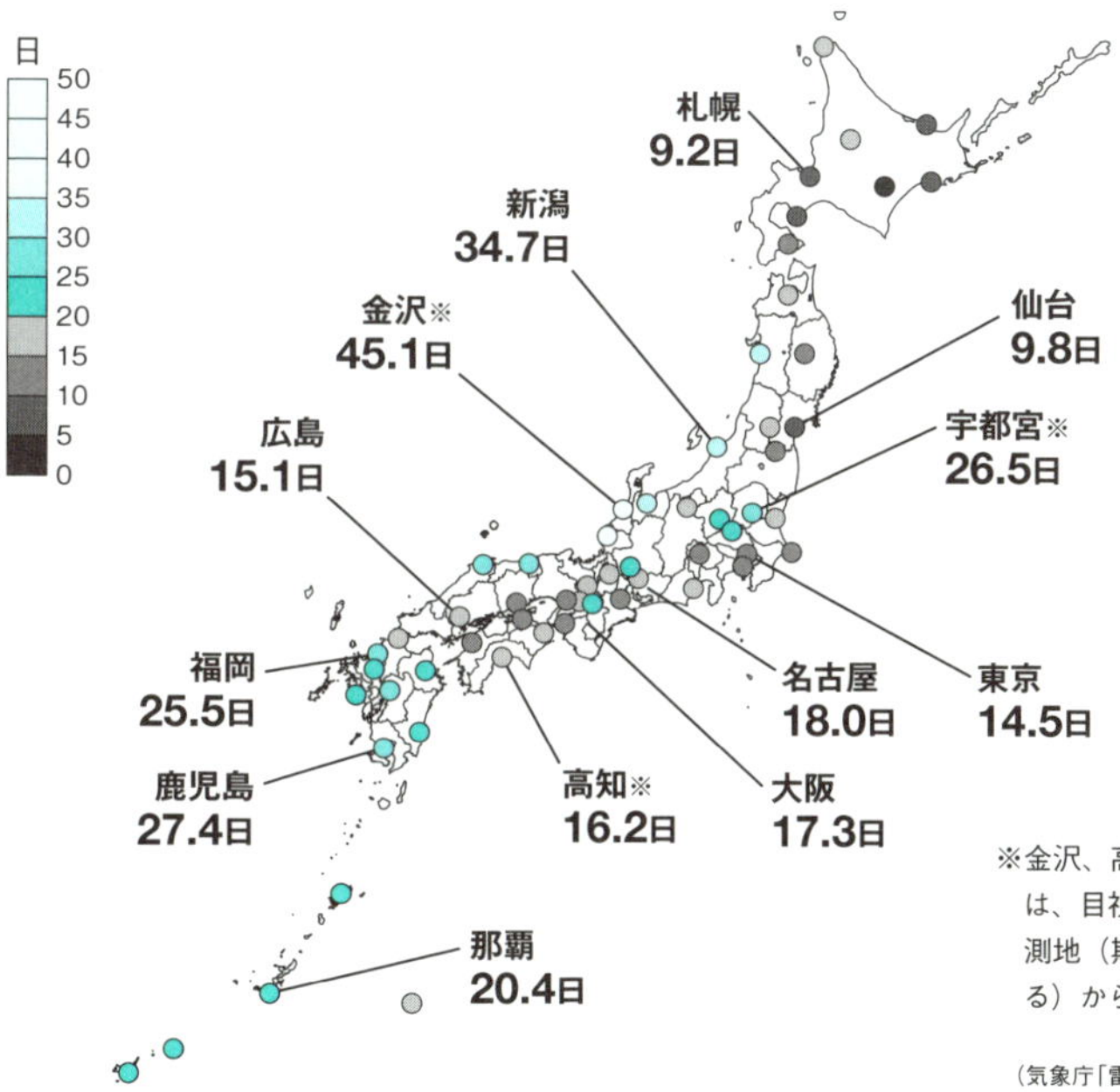

※金沢、高知、宇都宮の平年値は、目視観測自動化以前の観測地（期間は地点により異なる）から求めた参考値。

（気象庁「雷の観測と統計」をもとに作成）

気象庁の「雷ナウキャスト」で状況を確認することも大切です。その上で、空模様の変化にも気を付けてください。**真っ黒い雲が近づいてきたり、雷の音が聞こえてきたり、急に冷たい風が吹いてきたら積乱雲が近づいている兆し（サイン）**です。安全な場所に避難してください。

雷いま対応
高い木は避雷針の代わりにはならず、むしろ危険

落雷から身を守るためには、建物の中にいるのが最も安全です。**部屋の中にいるときは、電気器具や壁から離れて過ごしましょう。電車やバス、車の中も比較的安全な場所**です。

近くに高いもの、鉄塔などがあると、雷はこれを通って落ちる傾向があります。避雷針はこの性質を利用して、雷を誘導しています。

近くに**安全な建物がないときは、電柱、鉄塔などの高い物体のてっぺんを45度以上の角度で見上げる範囲で、その物体から４ｍ以上離れた所に移動**します。このエリアを保護範囲と言い、落雷の可能性が比較的低いとされています。ただ１００％安全というわけではないので、逃げる場所がないときに思い出してください。

高いといっても、**高い木の近くはとても危険**です。木に雷が落ちると、横にいる人に電流が飛び移る「側撃雷」を受けることがあり、過去に何度も死亡事故が起きています。落雷のおそれがあるときは、木の下での雨宿りは絶対にしないでください。

Saita's memo

雷ナウキャスト　雷の激しさを活動度1〜4で表示。活動度2以上は落雷の危険が迫っている状況。

雷事後対応

停電に備えて台風・地震対策グッズを身近な所に用意

落雷によって停電が発生することがあります。短時間で回復すればいいのですが、長時間にわたるときは、台風や地震の備えとしても用意している携帯ラジオで状況を確認したり、スマートフォンなどで情報を収集しましょう。夜なら懐中電灯などの明かりでしばらく過ごすことになります。

真夏に停電でエアコンが止まってしまったら、体の各所を冷やしたり、水分をとるなどして、熱中症対策をしてください。真冬は厚着をして毛布などをかぶって寒さをしのぎつつ、電気の復旧を待ちましょう。

月別の雷日数

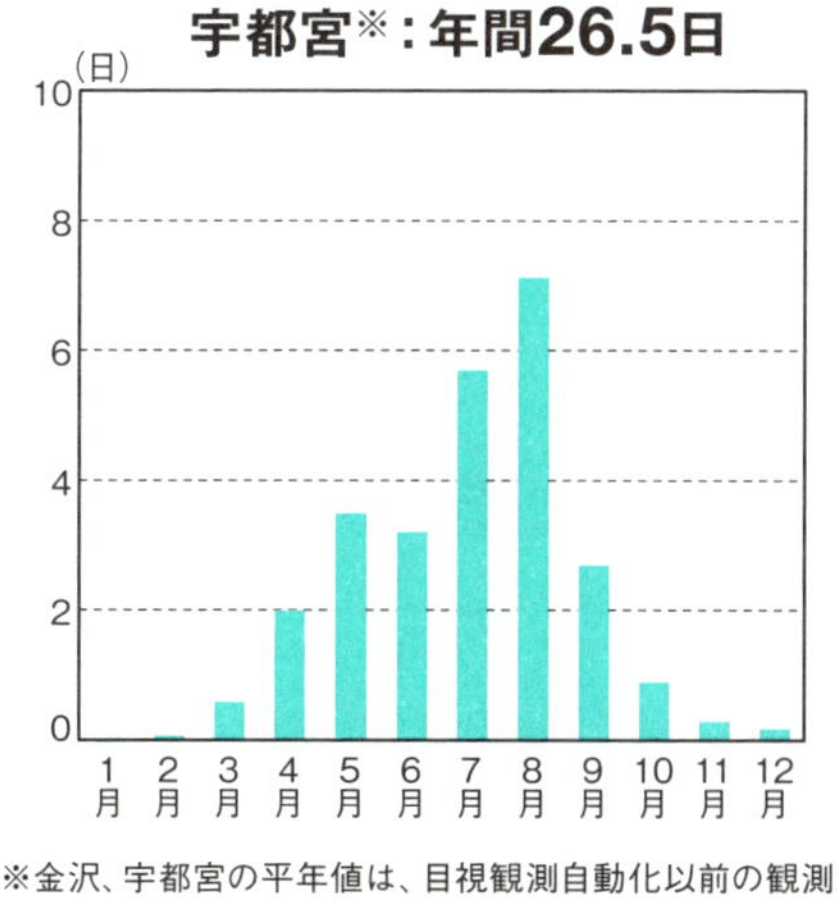

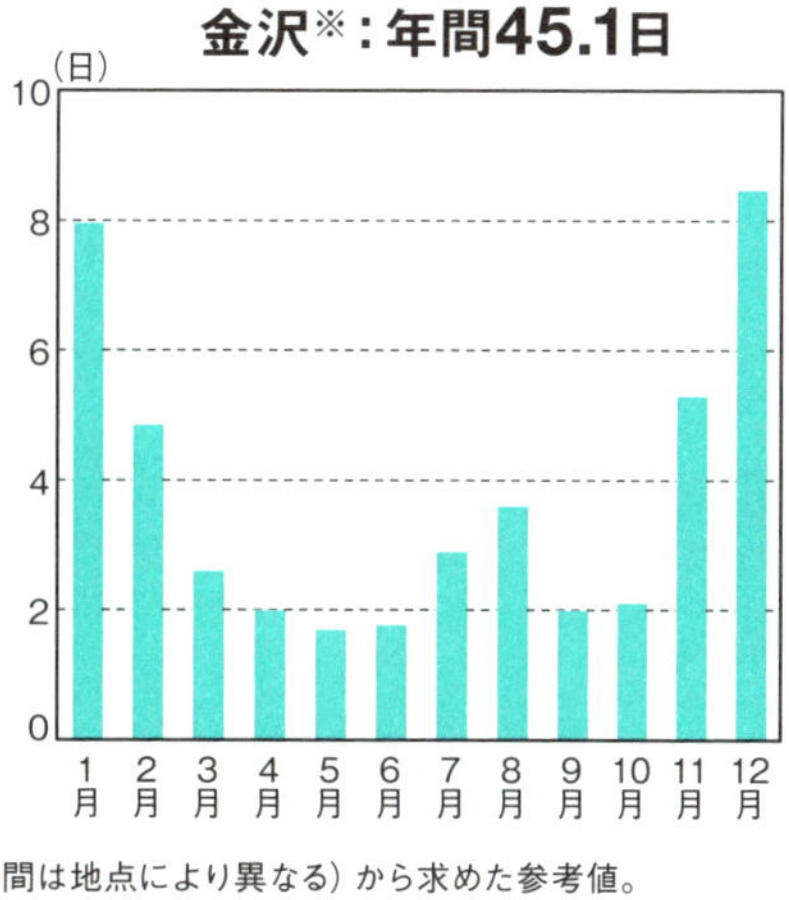

※金沢、宇都宮の平年値は、目視観測自動化以前の観測地（期間は地点により異なる）から求めた参考値。

（気象庁「雷の観測と統計」をもとに作成）

落雷は宇都宮のような内陸部では夏に多く、金沢のような日本海側の地方では冬に多い

大きい氷の粒は「ひょう」、小さい氷の粒は「あられ」

空からパラパラと降ってくる氷の塊。ニュースで見たことがあるかもしれませんが、冬の季節でもないのに、地面が白くなるほど積もることも。あの**氷の塊は、「ひょう（雹）」か「あられ（霰）」**です。その違いは大きさ。**直径5㎜未満のものを「あられ」、直径5㎜以上のものを「ひょう」**と呼んでいます。

天気欄の記号も「△」あられ、「▲」ひょうと、それぞれ違う記号が与えられています。ひょうの大きさはゴルフボール大になることもあり、直径5㎝以上のものは、時速100㎞を超えるスピードで落ちてきます。車の屋根やボンネットを凹ませたり、農作物に被害を与えることが多いですが、もちろん人に直撃すると大けがを負うおそれがあります。

熊谷地方気象台の記録によると、1917（大正6）年6月29日にひょうが降り、長井村の「大正寺」飯野住職が測ったひょうの中には直径約29・5㎝の巨大なものがありました。

ひょうが多いのは、5月から6月の初夏や10月頃。積乱雲の中で発生するため、雷雨を伴って降ることが多く、短時間に局地的に降ります。積乱雲の中では、雪の結晶に小さな水の粒がくっついて少しずつ大きくなり、重くなると落下しますが、強い上昇気流があると再び上へと戻されます。この上下運動を繰り返していると、大きなひょうに成長し、解けきらずに地上まで落ちてくるのです。

なお、「みぞれ」は、雨と雪が混じったもののことで、観測分類上は雪に含めます。

ひょう事前対応

積乱雲が発生したら落雷とともに、ひょうにも注意

ひょうは積乱雲が降らせるので、落雷の事前対応と同じように行動して避けるようにしましょう。**真っ黒い雲が近づいてきたり、雷の音が聞こえてきたり、急に冷たい風が吹いてきたら危険のサイン**です。

ひょうとあられは粒の大きさが違う

雹《ひょう》　霰《あられ》　霙《みぞれ》

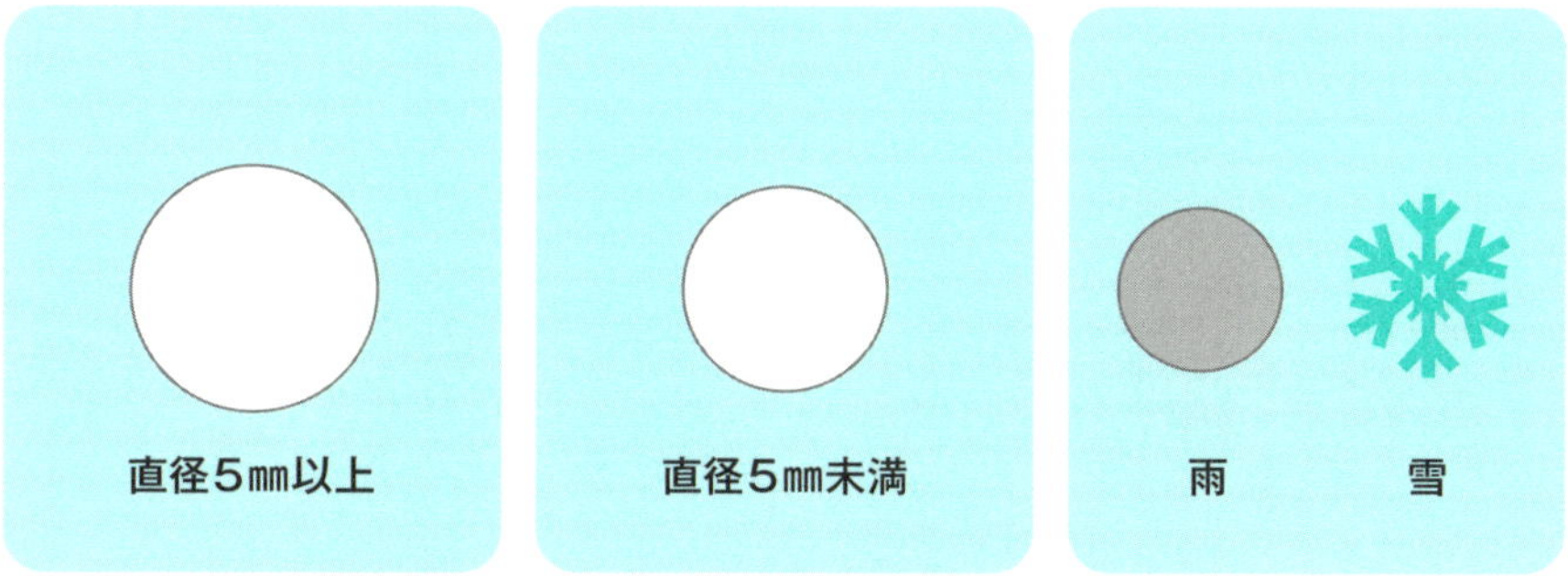

ひょう（雹）は発達した積乱雲から降ってきた直径5㎜以上の氷の塊のことで、直径2㎝位までが多い。
直径2㎝のひょうの落下速度は約16m/s（約58km/h）と言われる。
ひょうより粒の小さい氷の塊はあられ（霰）。
みぞれ（霙）は雪と雨が混じって降る現象

ひょういま対応

ひょうは氷の凶器。降ってきたらすぐに頑丈な建物に逃げ込む

屋外にいるときにひょうが降ってきたら、すぐに頑丈な建物に入ってください。傘では防ぎきれません。ただ、ひょうが降るのは長くても10分程度なので、**逃げる場がなければカバンで頭を守り、軒下など少しでも身を隠せる場所でやりすごしてください。**雷を伴うことが多いので、**木の下に逃げるのは危険**です。

車を運転しているときにひょうが降ってきたら、速度を落として路肩に停車したり、できれば車をひょうの直撃から守るために屋根のある駐車場に入りましょう。想像しにくいかもしれませんが、数m先を見通せないほどに、ひょうが降ることもあります。

ひょう事後対応

ひょうが集まって、側溝をふさぐことも

ひょうそのものは止めば、それほどの害はありませんが、大雨によって発生する災害には気を付けてください。**大量のひょうが側溝をふさいでしまい、雨水が流れにくくなり、浸水しやすくなる**こともあります。

ひょうは地表の気温が高くない初夏の5～6月に降りやすい

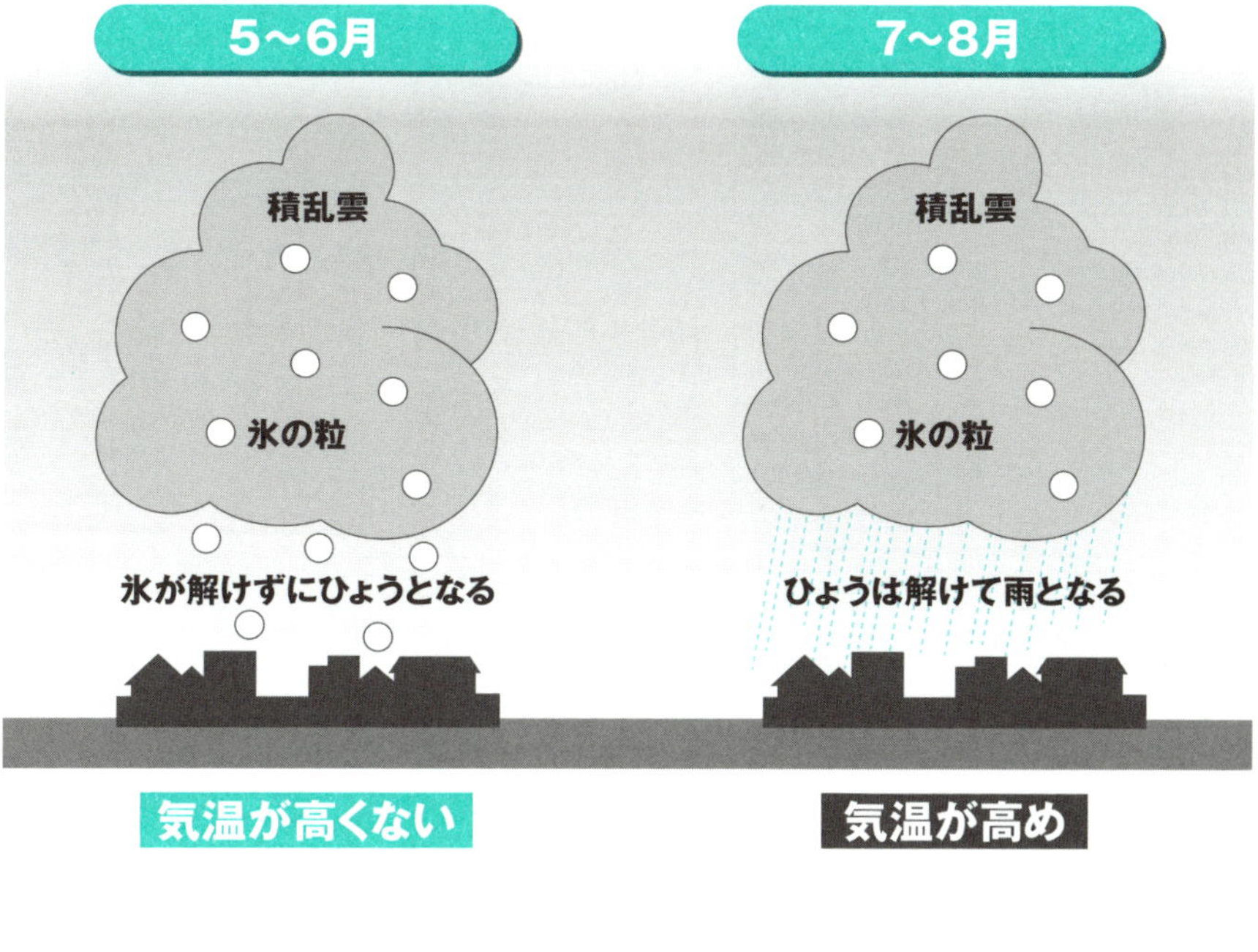

ひょうは積乱雲の中で成長した氷の粒が落ちてくる現象。
初夏の5～6月は気温がそれほど高くないため、
ひょうは解けずに氷の粒のまま落ちてくる。
真夏の7～8月は地表付近の気温が高いため、
ひょうは落ちる途中で解けて雨になる

「竜巻注意情報」の適中率は低くても活用する価値がある

日本での竜巻の発生は、平均で年に20個ほど確認されています（2007〜2023年、海上竜巻を除く）。北海道から沖縄まで全国各地で発生し、列車の脱線事故や建物の被害が出ています。2006年11月7日に北海道佐呂間町で発生した竜巻では9名の方が亡くなりました。

「竜巻」は発達した積乱雲がもたらす激しい突風の1つで、ほかに「ダウンバースト」と「ガストフロント」があります。

気象庁が発表する「竜巻注意情報」では、「激しい突風」をイメージしやすい言葉として「竜巻」を使っていますが、このダウンバーストやガストフロントに対する注意も含まれています。

竜巻注意情報は「竜巻発生確度ナウキャスト」で20分後の予測までに発生確度2がかかる地域に発表されます。また、目撃情報により、竜巻が発生するおそれが高まったと判断したときにも発表されます。情報の有効期間は発表から約1時間です。

竜巻発生確度ナウキャストとは、10㎞四方ごとに竜巻などの発生しやすさを2段階で表したもので、1時間先までの予測を気象庁のウェブサイトで見ることができます。

では、**竜巻注意情報の精度**はどれくらいなのでしょう。まず適中率。「竜巻注意情報の発表数のうち、有効期間内に突風（竜巻、ダウンバースト、ガストフロント）の発生があった割合」

Saita's memo
ダウンバースト　積乱雲から吹き降ろす下降気流が地面にぶつかり、水平方向に向きを変えて吹き出す激しい空気の流れ。

主な突風の種類

突風の種類		特徴
竜巻	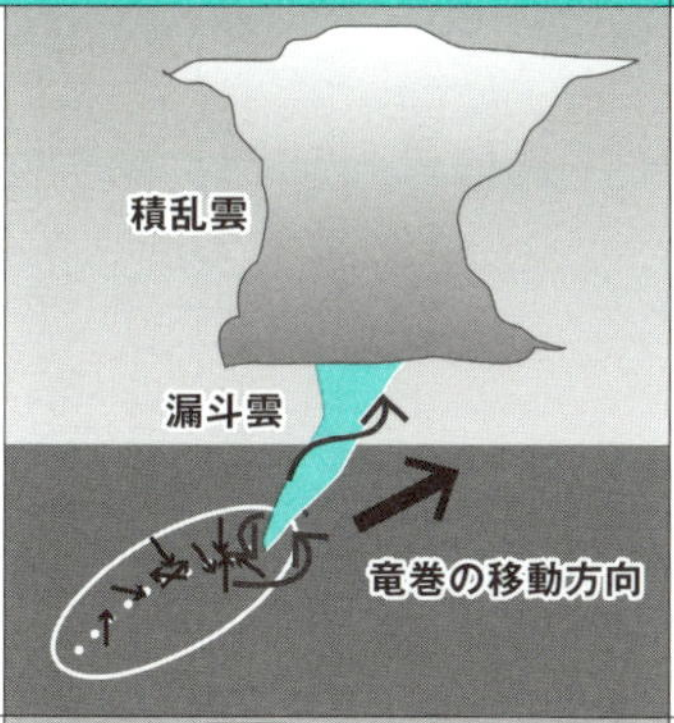	積乱雲に伴う上昇気流により発生する激しい渦巻きで、多くの場合、漏斗（ろうと）状または柱状の雲を伴う。被害域は、幅数十～数百mで、長さ数kmの範囲に集中するが、数十kmに達したこともある
ダウンバースト	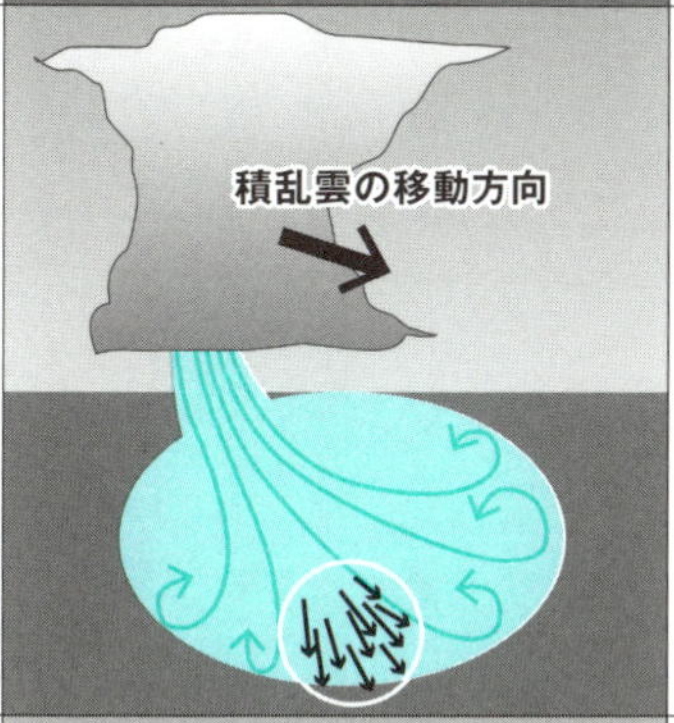	積乱雲から吹き降ろす下降気流が地表に衝突して水平に吹き出す激しい空気の流れ。吹き出しの広がりは数百mから十km程度で、被害地域は円形あるいは楕円形など面的に広がる特徴がある
ガストフロント	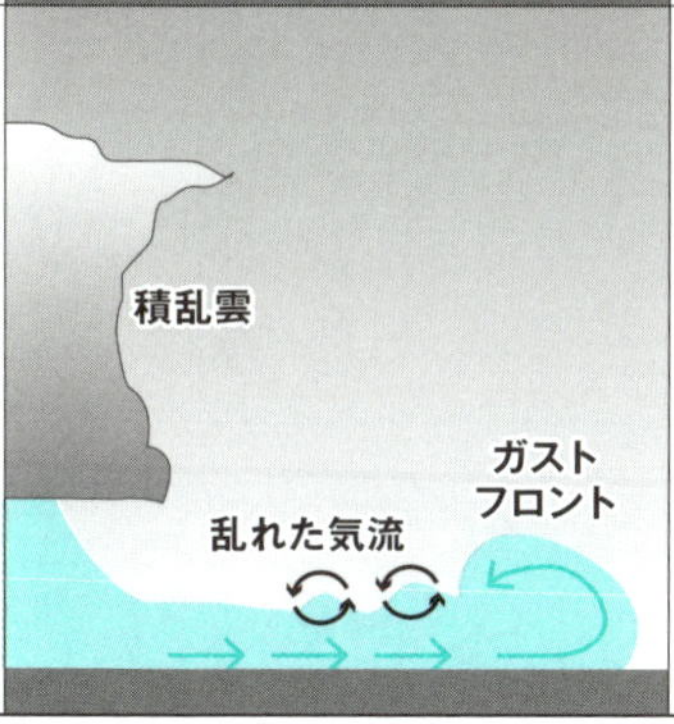	積乱雲の下で形成された冷たい（重い）空気の塊が、その重みにより温かい（軽い）空気の側に流れ出すことによって発生する。水平の広がりは竜巻やダウンバーストより大きく、数十km以上に達することもある

（気象庁「竜巻などの激しい突風とは」をもとに作成）

Saita's memo

ガストフロント　積乱雲の下にたまった冷たい空気が流れ出し、周囲の空気との間に作る境界のこと。突風前線とも呼ばれる。

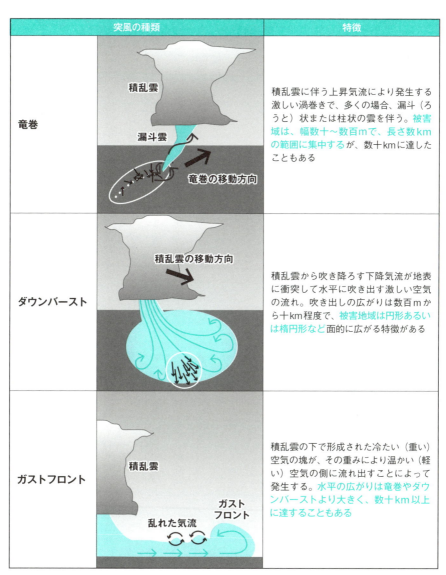

（気象庁）は、2023年4％、22年2％、21年4％、20年4％。**10年さかのぼっても2〜4％の範囲**です。

次に捕捉率。実際に発生した突風回数のうち、**竜巻注意情報が予測できた突風の割合は、23年40％、22年14％、21年44％、20年38％**となっています。

竜巻が発生する気象の環境は年による変動が大きいこと、1年間に発生する回数が少ないことなどから、竜巻注意情報の評価結果は年によって大きく変動しています。

2016年に**発表区域の細分化**を行い、それまでの**県単位から県南部というように地域を絞り込んだ発表**を行っています。竜巻注意情報が発表されているときは、「落雷」に加えて「竜巻」の危険性もあると認識し、身を守るための情報を集めるきっかけとして利用してください。

竜巻事前対応

竜巻注意情報が発表されたら、空模様の変化に注意

竜巻注意情報が発表されたときは、まず周囲の様子を確認します。そのとき、真っ黒い雲が近づいてきたり、雷の音が聞こえてきたり、急に冷たい風が吹いてきたりといった**積乱雲が近づく兆候（サイン）があれば、頑丈な建物に避難するなど身の安全を確保**する行動をとってください。竜巻発生確度ナウキャストの確度が下がれば、竜巻の危険は去ったことになります。

竜巻いま対応

車の中は危険。頑丈な建物に避難して窓から離れる

実際に**竜巻の発生を確認したときは、より安全な場所に身を置くことを考えて行動**してください。大型トラックでさえ転倒させる力があるし、プレハブ（仮設建築物）の建物なども吹き飛ばします。突風に乗って飛ばされてくる瓦やトタン板なども危険です。

周辺に頑丈な建物がないときは、窪地などに身を伏せて、飛んできたものが体に当たりにくくします。万が一当たっても致命傷にならないように、鞄などで頭や首を守りましょう。頑丈な建物にいても油断はできません。飛来物が窓ガラスに当たると割れてケガをします。窓から離れる、カーテンを閉める。**危険が迫っているときは、家の1階の窓がない部屋（トイレや浴室など）に移動したり、丈夫な机の下に入ったりして、身を小さくして頭を守ってください**。竜巻は非常に動きが速いので、スマートフォンで撮影などせず速やかに避難してください。

竜巻事後対応

竜巻が去っても安心せず危険な場所には近づかない

台風が去ったあとのように、壊れた建物や割れたガラス、切れた電線など、危険な場所には近づかないでください。**竜巻は積乱雲が起こすということをもう一度思い出して、大雨による災害にも注意**を払ってください。

緊急地震速報が新しくなり、津波は事前の確認が大事になる

地震はいつ、どこで、発生するのか予測ができないため、日頃からの備えが重要ですが、大雨や台風の災害と比べると、避難の判断はしやすい側面があります。建物が使えない状況なら頑丈な建物へ避難、津波のリスクがあるなら少しでも高い場所へ避難するように、判断が限定されます。ただし、地震は揺れて終わりではなく、その後に火災や津波が発生することがあるため、地域のリスクを把握し、行動をシミュレーションしておくことが大切です。

「緊急地震速報」は、大きな地震が発生したときに、地震の発生直後に地震計で捉えた観測データを解析して、震源や地震の規模（マグニチュード）、予想される揺れの強さ（震度）を自動で計算し、**強い揺れがくることを可能な限りすばやく知らせる情報**です。

震度5弱で家具などが倒れて被害が出る可能性があるため、「最大震度が5弱以上」と予想された場合に発表されてきましたが、２０２３年から**「最大長周期地震動階級が3以上」が新たな基準**として加わりました。長周期地震動とは、大きな地震が発生したときに生じる「周期（1往復するのにかかる時間）」が長い揺れのこと。地震が発生した場所から数百km離れた場所でも、高いビルの高層階ほど大きく長く揺れる性質があります。また、旧耐震基準で建てられ

Saita's memo

旧耐震基準　昭和56年以前に建築された建物は、耐震性が不十分なものが多く存在する。耐震診断・耐震改修をしよう。

震度と揺れの状況

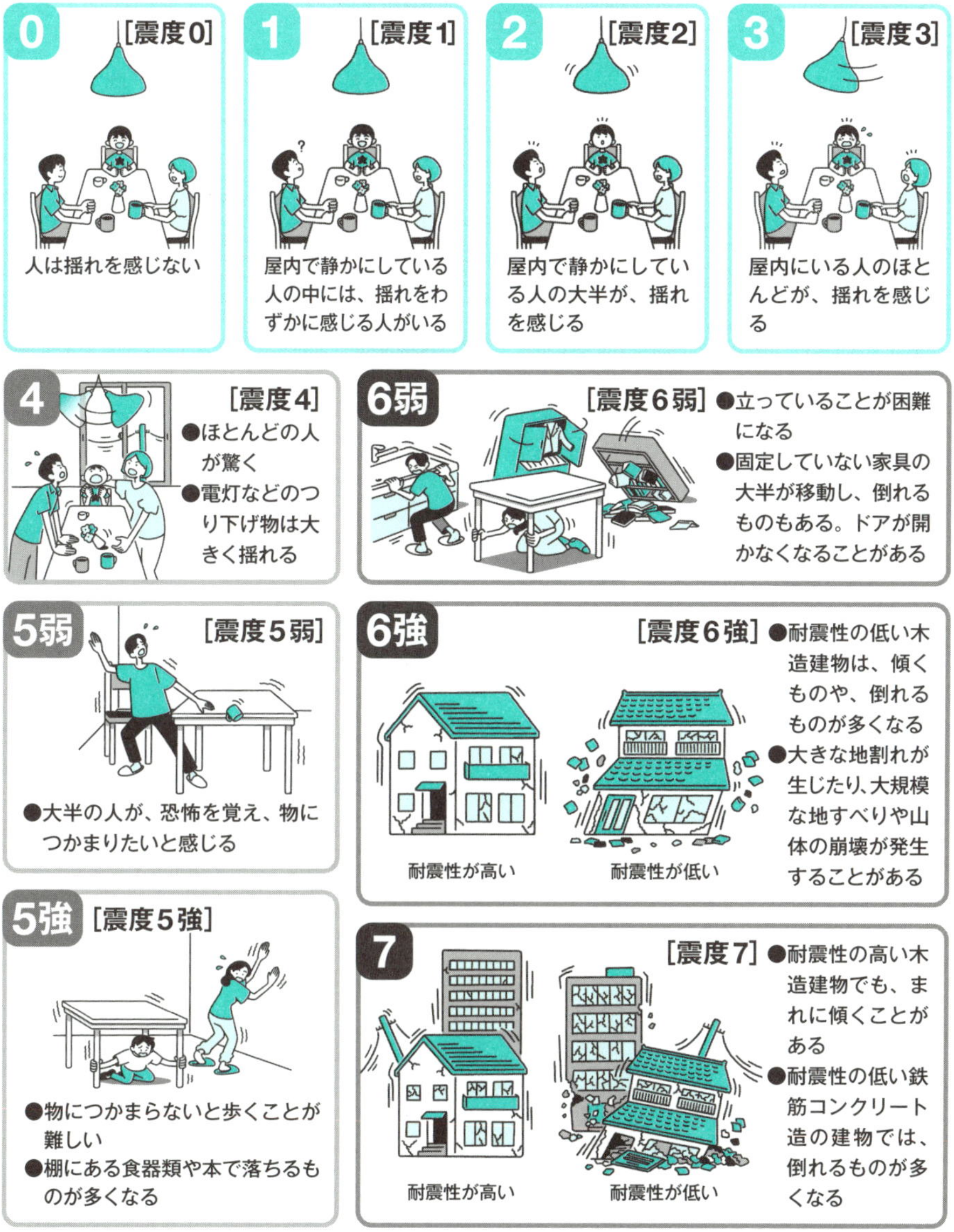
0
[震度0]
人は揺れを感じない
1
[震度1]
屋内で静かにしている人の中には、揺れをわずかに感じる人がいる
2
[震度2]
屋内で静かにしている人の大半が、揺れを感じる
3
[震度3]
屋内にいる人のほとんどが、揺れを感じる
4
[震度4]
●ほとんどの人が驚く
●電灯などのつり下げ物は大きく揺れる
6弱
[震度6弱]
●立っていることが困難になる
●固定していない家具の大半が移動し、倒れるものもある。ドアが開かなくなることがある
5弱
[震度5弱]
●大半の人が、恐怖を覚え、物につかまりたいと感じる
6強
[震度6強]
耐震性が高い
耐震性が低い
●耐震性の低い木造建物は、傾くものや、倒れるものが多くなる
●大きな地割れが生じたり、大規模な地すべりや山体の崩壊が発生することがある
5強
[震度5強]
●物につかまらないと歩くことが難しい
●棚にある食器類や本で落ちるものが多くなる
7
[震度7]
耐震性が高い
耐震性が低い
●耐震性の高い木造建物でも、まれに傾くことがある
●耐震性の低い鉄筋コンクリート造の建物では、倒れるものが多くなる

(気象庁「震度について」をもとに作成)

たマンションなどは、耐震性に劣るので耐震補強工事を含めた事前の対策が必要です。

例えば、2011年3月11日に発生した東日本大震災（東北地方太平洋沖地震、マグニチュード9・0、最大震度7）では、長周期地震動により、東京都内の高層ビルで大きな揺れを観測したほか、震源から約700㎞離れた大阪市（最大震度3）でも高層ビルでエレベーター停止による閉じ込め事故などの被害が出ました。

また、**地震が発生してから約3分を目標に、「大津波警報」「津波警報」「津波注意報」が発表**されます。津波は、台風による大波や高潮よりもはるかに大量の海水が押し寄せてきますので、高さが低い場合でも被害を及ぼすおそれがあります。すばやい判断で身を守る行動をとる必要があるので、津波ハザードマップなどで事前にリスクを知り、避難の訓練をしておきましょう。

南海トラフ地震臨時情報が発表されたときは？

2024年8月8日19時15分に「南海トラフ地震臨時情報（巨大地震注意）」が初めて発表されました。この情報は8日16時43分頃、日向灘を震源とするマグニチュード7・1の地震の発生に伴って、南海トラフ地震の想定震源域で、大規模地震の発生可能性が平常時に比べて相対的に高まっていると考えられたためです。南海トラフ地震とは、駿河湾から日向灘沖にかけてのプレート境界を震源域として概ね100～150年間隔で繰り返し発生してきた大規模地震のことです。

「南海トラフ地震臨時情報（調査中）」が発表された場合は、避難などの防災対応を準備・開始し、今後の情報に注意してください。

地震発生から最短2時間後に、観測された異常な現象の調査結果が発表されます。それに基づき、政府や自治体から「巨大地震警戒」「巨大地震注意」「調査終了」というキーワードに応じた防災対応が呼びかけられます。

「南海トラフ地震臨時情報（巨大地震警戒）」は最も強いキーワードです。日頃からの地震への備えの再確認に加え、地震が発生したらすぐに避難できる準備をする必要があります。地震発生後に避難を始めたのでは間に合わない可能性のある人は、1週間の事前避難を行って地震に備えてください。

「南海トラフ地震臨時情報（巨大地震注意）」は8月8日に発表されたキーワード。事前の避難は伴いませんが、非常用袋など日頃からの地震への備えの再確認に加え、家族の所在地を知っておくといった、地震が発生したらすぐに避難できる準備をしてください。

「南海トラフ地震臨時情報（調査終了）」が

南海トラフ地震で情報の発表に伴い防災対応をとるべき地域

1都2府26県707市町村になる

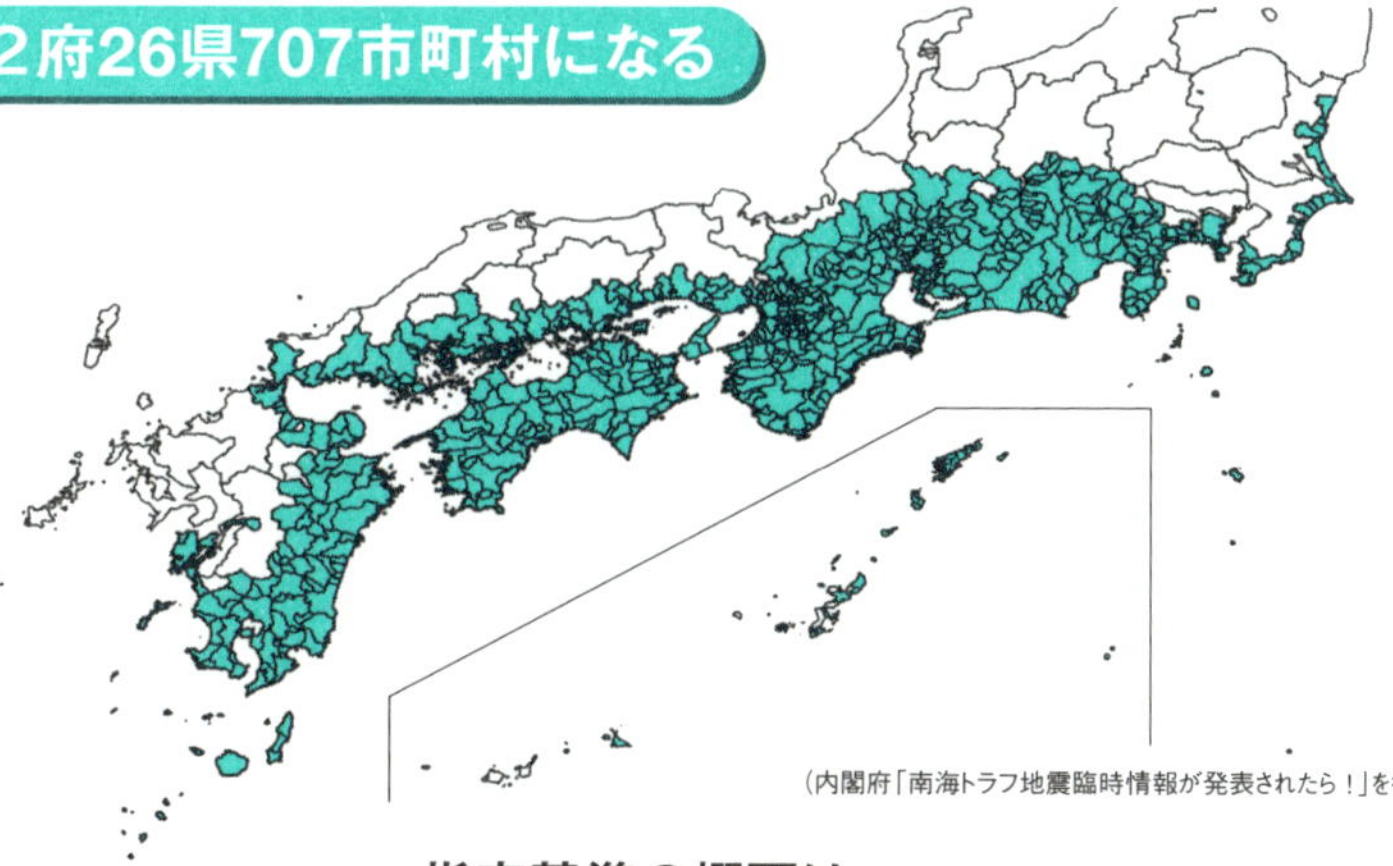

（内閣府「南海トラフ地震臨時情報が発表されたら！」をもとに作成）

指定基準の概要は、
- 震度6弱以上の地域
- 津波高3m以上で海岸堤防が低い地域
- 防災体制の確保、過去の被災履歴への配慮発表された場合は、地震の発生に注意しながら通常の生活を行いましょう。ただし、大規模地震発生の可能性がなくなったわけではないことに留意しておく必要があります。

地震事前対応

備蓄も必要だが命を守るための備えはさらに大事

地震の対策と聞くと、食料や水などの備蓄や非常用持ち出し品をイメージする人が多いかもしれません。しかし、これらは地震の揺れで命が助かったあとに必要になるもので、**地震の揺れそのものに備える視点を忘れてはいけません**。

家具の固定は必須です。万が一倒れてきた場合でも、通路をふさがないような配置を考えて、室内になるべくものを置かない**「安全スペース」（ものが落ちてこない、倒れてこない、移動しない空間）**をつくっておきましょう。夜間の地震に備えて、寝室には「ヘッドライト」、割れたガラスから足を守る「スリッパ」、居場所を知らせる「笛」は用意してください。

地震はいつ起こるかわかりませんので、あらかじめ家族で話し合って集合場所を決め、「災害用伝言ダイヤル（171）」などの連絡手段を確認しておきましょう。普段通る道に、ブロック塀などの倒れやすいもの、崖崩れのおそれがある場所などがないか、確認しておいてください。

津波の危険がある場所には、津波が来襲する危険があることを示す「津波注意」のほか、**津**

長周期地震動階級

階級1

●室内にいたほとんどの人が揺れを感じる。驚く人もいる
●ブラインドなど吊り下げものが大きく揺れる

階級2

●室内で大きな揺れを感じ、物につかまりたいと感じる。物につかまらないと歩くことが難しいなど、行動に支障を感じる
●キャスター付きの家具類等がわずかに動く。棚にある食器類、書棚の本が落ちることがある

階級3

●立っていることが困難になる
●キャスター付きの家具類等が大きく動く。固定していない家具が移動することがあり、不安定なものは倒れることがある

階級4

●立っていることができず、はわないと動くことができない。揺れにほんろうされる
●キャスター付きの家具類等が大きく動き、転倒するものがある。固定していない家具の大半が移動し、倒れるものもある

（気象庁「長周期地震動について」をもとに作成）

2023年２月から高層ビルなどを大きくゆっくりと揺らす「長周期地震動」が緊急地震速報の対象に追加された。地上の揺れの強さは「震度」で表すが、長周期の揺れの強さは「震度階級」で表す。階級３以上の揺れが予想される地域には、緊急地震速報が発表される

波避難場所や津波避難ビルを示す標識が設置されています。万が一に備え、**海の近くにいるときには必ず確認**しておきましょう。

備蓄や非常用持ち出し品については、**普段の1日の生活を思い出して、必要なものを考えることが大事**です。**最低でも1週間分**は備えておきましょう。誰もが必要になるのは携帯トイレ、1日に5～7回ほど使用します。水は1日に約3ℓで、どちらも家族の人数分の備えが必要です。ガスや電気が使えなくなる場合に備えて、カセットコンロとボンベ、ライトの役割やスマートフォンの充電もできる「手回し充電ラジオ」があると便利です。

食料の備蓄は「ローリングストック」の考えが大事。日頃から自宅で利用しているものを少し多めに蓄えることで、災害時でもしばらく生活ができる方法です。「備える」「食べる」「買い足す」を繰り返し、備蓄品の鮮度を保ちながら、「いざ」というときでも日常に近い食生活を送ることができます。

地震いま対応
緊急地震速報を聞いたら速やかに行動を

地震の揺れを感じた場合や、緊急地震速報を見聞きしたときに、どのような行動をとっているでしょうか？　その場所で、何もしないで、地震の揺れを感じている人が多いのではないでしょうか。これまではたまたま小さな揺れで大丈夫だったかもしれませんが、実際に大きな揺

津波警報・注意報の種類

種類	発表基準	発表される津波の高さ 数値での発表（予想される津波の高さ区分）	発表される津波の高さ 巨大地震の場合の発表	想定される被害と取るべき行動
大津波警報	予想される津波の最大波の高さが高いところで3mを超える場合	10m超（10m＜予想される津波の最大波の高さ）	巨大	**巨大な津波が襲い**、木造家屋が全壊・流失し、人は津波による流れに巻き込まれる。 沿岸部や川沿いにいる人は、**ただちに高台や避難ビルなど安全な場所へ避難**してください
		10m（5m＜予想される津波の最大波の高さ≦10m）		
		5m（3m＜予想される津波の最大波の高さ≦5m）		
津波警報	予想される津波の最大波の高さが高いところで1mを超え、3m以下の場合	3m（1m＜予想される津波の最大波の高さ≦3m）	高い	**標高の低いところでは津波が襲い**、浸水被害が発生。人は津波による流れに巻き込まれる。 沿岸部や川沿いにいる人は、**ただちに高台や避難ビルなど安全な場所へ避難**してください
津波注意報	予想される津波の最大波の高さが高いところで0.2m以上、1m以下の場合であって、津波による災害のおそれがある場合	1m（0.2m≦予想される津波の最大波の高さ≦1m）	（表記しない）	海の中では人は速い流れに巻き込まれ、また、養殖いかだが流失し小型船舶が転覆する。 **海の中にいる人はただちに海から上がって、海岸から離れて**ください

（気象庁「津波警報・注意報、津波情報、津波予報について」をもとに作成）

れがくると日常の行動をとることが難しくなり、命を落とす危険があります。
慌てず落ち着いて、身を守る行動をとってください。頭を保護し、机の下などに隠れることが大事です。屋内にいるときは、慌てて外に飛び出してはいけません。揺れが収まったら、火の元を確認し、避難路を確保してください。

大津波警報や津波警報が発表された場合は、東日本大震災のときのような巨大津波が襲ってくる可能性がある非常事態です。とにかく**直ちに逃げる判断こそが命を守ります**。津波は、川など低い所を目指して押し寄せて、V字型の湾の奥などでは高くなりやすい特徴があります。〝より遠く〟ではなく、〝より高い〟所を目指して逃げることが大切です。

津波注意報が発表された場合は、海の中にいる人は直ちに海から上がって、海岸から離れてください。海の中では人は速い流れに巻き込まれるほか、養殖いかだが流出し、小型船舶が転覆します。ただ、海岸や川の河口付近に近づきさえしなければ比較的安全です。

海水浴場などでは、**「津波フラッグ（赤と白の格子模様の旗）」**によって、聴覚に障害のある人や、波音や風で音が聞き取りにくい遊泳中の人にも津波警報などの発表を知らせています。

海の近くで強い揺れを感じたとき、または弱くても長い時間ゆっくりとした揺れを感じたときは、**直ちに〝より高い〟所を目指してください**。揺れを感じていなくても津波警報を見たり聞いたりしたら、急いで逃げてください。遠く離れた場所での地震や火山噴火などによって津波が発生することがあります。津波は繰り返し何度も襲ってくることがあるため、津波警報などが解除されるまで、決して油断せず、安全な場所に避難して、海には近づかないでください。

地震事後対応

揺れが収まったあとも細心の注意を払う

大きな地震があったあとは、揺れが収まってからの行動も重要です。火災の延焼を防ぐために、避難するときはガスの元栓を閉め、ブレーカーを落としましょう。また、地震によるガス漏れや漏電の可能性があるので、火や電気を使うときには十分な注意が必要です。まずは換気扇を使わず、窓を開けて換気をしてください。余震に備えて避難路を確保しておくことも大切です。

外出先で被災したときは、無理して家に帰らないこと。帰宅困難者が待機できる「一時滞在施設」を利用することも選択肢の1つです。事態が落ち着き、帰宅することになったら、「災害時帰宅支援ステーション」を活用しましょう。徒歩帰宅者のために、トイレ・水道水の提供などを可能な範囲で支援してくれる協力店舗（コンビニエンスストア、ガソリンスタンドなど）があります。

1週間程度は最初の大地震の規模と同程度の地震が発生する可能性が高く、報道でも注意を促しています。特に2〜3日程度はより規模の大きな地震が発生する可能性があります。**最初の地震でダメージを受けた建物は倒壊のおそれ**があるので注意してください。また、地盤が緩んでいて、少しの雨でも土砂災害が発生するおそれがあります。デマが飛び交うこともあるので、気象庁の報道発表を確認しましょう。

広い範囲に甚大な災害を引き起こす噴火対策は情報の入手が鍵

火山周辺には「温泉」や特有の「景色」があって観光地になっていることが多く、高温の地下水を利用した「地熱発電」などの恵みも与えてくれています。しかし、ひとたび**火山が噴火すると、広い範囲に甚大な災害を引き起こす**ことがあるため、住民の一人ひとりが具体的な避難計画を事前に知っておく必要があります。

気象庁は、全国111の活火山（北方領土を含む）を対象として「噴火警報」を発表しています。噴火警報は、生命に危険を及ぼす火山現象（大きな噴石、火砕流、融雪型火山泥流）の発生やその拡大が予想される場合に、「警戒が必要な範囲」とともに発表しています。

また、**どこまで危ないか、何をしたらよいかを、火山活動に応じて5段階で発表する「噴火警戒レベル」の導入が進められています。**「警戒が必要な範囲」が居住地まで及ぶレベル5（避難）及びレベル4（高齢者等避難）は、特別警報として「噴火警報（居住地域）」を発表、火口周辺に限られるレベル3（入山規制）及びレベル2（火口周辺規制）は、警報として「噴火警報（火口周辺）」が発表されます。

「大きな噴石」とは、噴火によって火口から吹き飛ばされた概ね20～30㎝以上の噴石のこと。風

火山活動の監視

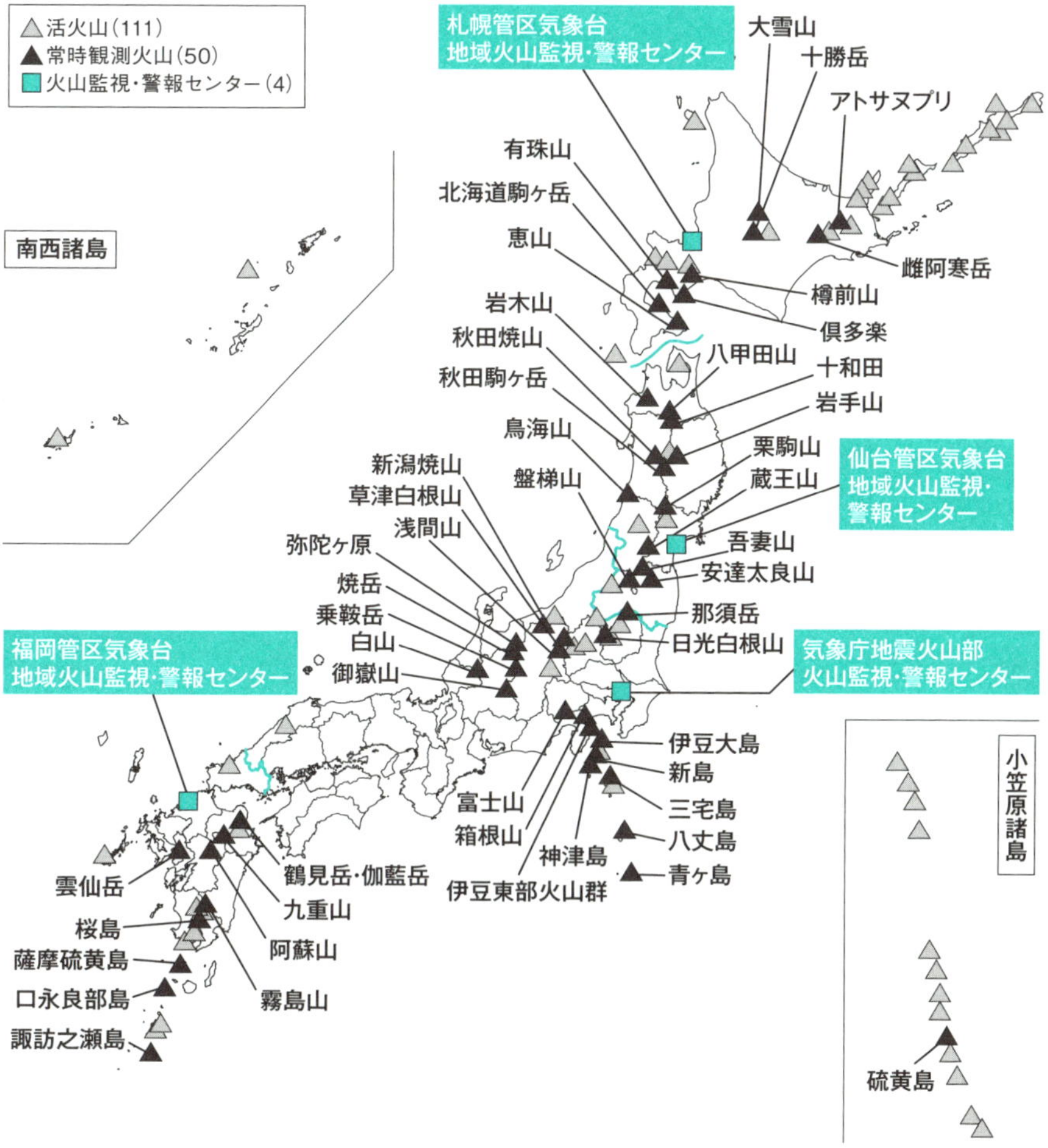

（気象庁「地震・津波と火山の監視　火山の監視」をもとに作成）

気象庁が設置した火山監視・警報センターでは、111の活火山（北方領土を含む）のうち50火山について、噴火の前兆を捉えて噴火警報などを適確に発表するため、24時間体制で火山活動を常時観測・監視している

の影響をほとんど受けずに弾道を描いて飛散し、**建物の屋根を打ち破るほどの破壊力**があります。

「火砕流」とは、**高温の火砕物（火山灰、軽石など）と高温のガスが一体となって、猛スピードで山腹を駆け下る現象**。速度は時速100km以上、温度は数百℃に達することもあり、通過した範囲を焼き尽くします。1991年6月3日、雲仙・普賢岳の溶岩ドームから火砕流が流れ落ち、死者40人という火山災害が起こってしまいました。

「融雪型火山泥流」とは、噴火に伴う火砕流などの熱によって積雪が解け、**大量の水と土砂が一体となって高速で流れ下る現象**。時速60kmを超えることもあり、谷筋や沢沿いを遠方まで一気に流下して、通過した範囲は壊滅的な被害が生じます。

火山現象は、このほかに「溶岩流」や「火山灰」、「火山ガス」などがありますが、噴火によって噴出した岩石や火山灰が堆積している所に大雨が降ると、土石流や泥流が発生するおそれもあります。

噴火事前対応
火山災害は、普段からの備えと事前の速やかな避難が重要

首都圏なら富士山というように、それぞれの火山でどのような災害が発生するのか、具体的な危険性は、地元の自治体などが公表している**「火山防災マップ（火山ハザードマップ）」で知る**ことができます。火山の近くに住んでいる人だけでなく、観光や登山の目的で火山に近づく人も、いざというときのために確認しておきましょう。「噴火警報」や「噴火警戒レベル」

Saita's memo
富士山噴火 風向きや風速によっては、火山灰が東京都心にも到達し、短時間で都市機能がマヒするおそれがある。

噴火警戒レベル

種類	名称	対象範囲	噴火警戒レベルとキーワード		説明：火山活動の状況	説明：住民等の行動	説明：登山者・入山者への対応
特別警報	噴火警報（居住地域） 又は 噴火警報	居住地域及びそれより火口側	レベル5	避難	居住地域に重大な被害を及ぼす噴火が発生、あるいは切迫している状態にある	危険な居住地域からの避難等が必要（状況に応じて対象地域や方法等を判断）	
			レベル4	高齢者等避難	居住地域に重大な被害を及ぼす噴火が発生すると予想される（可能性が高まってきている）	警戒が必要な居住地域での高齢者等の要配慮者の避難、住民の避難の準備等が必要（状況に応じて対象地域を判断）	
警報	噴火警報（火口周辺） 又は 火口周辺警報	火口から居住地域近くまで	レベル3	入山規制	居住地域の近くまで重大な影響を及ぼす（この範囲に入った場合には生命に危険が及ぶ）噴火が発生、あるいは発生すると予想される	通常の生活（今後の火山活動の推移に注意。入山規制）。状況に応じて高齢者等の要配慮者の避難の準備等	登山禁止・入山規制等、危険な地域への立入規制等（状況に応じて規制範囲を判断）
		火口周辺	レベル2	火口周辺規制	火口周辺に影響を及ぼす（この範囲に入った場合には生命に危険が及ぶ）噴火が発生、あるいは発生すると予想される	通常の生活（状況に応じて火山活動に関する情報収集、避難手順の確認、防災訓練への参加等）	火口周辺への立入規制等（状況に応じて火口周辺の規制範囲を判断）
予報	噴火予報	火口内等	レベル1	活火山であることに留意	火山活動は静穏。火山活動の状態によって、火口内で火山灰の噴出等が見られる（この範囲に入った場合には生命に危険が及ぶ）		特になし（状況に応じて火口内への立入規制等）

（気象庁「噴火警戒レベルの説明」をもとに作成）

などの情報を入手し、速やかに避難できるようにしておく必要があります。

噴火いま対応

噴火速報が発表されたら、少しでも安全な場所へ

「噴火速報」は、登山者や周辺の住民に、**火山が噴火したことを端的にいち早く伝える情報**で、テレビやラジオ、スマートフォンなどで知ることができます。

状況によって対応は異なりますが、**直ちに下山し、山から離れるのが基本**です。火口の近くは噴石が落ちてくるため、近くにシェルターがあれば避難してください。**山小屋は噴石が貫通するおそれがありますが、外にいるよりは安全**です。**避難場所がないときは大きな岩や斜面などの陰に隠れてください**。ヘルメットがあれば着用し、ない場合はリュックなどで頭を守りましょう。火砕流や融雪型火山泥流などが見えたら反対方向へ逃げてください。川や谷筋からは離れたほうが安全です。

噴火事後対応

火山灰は風に流されて広範囲に影響する

噴火したあと5～10分程度で**「降灰予報（速報）」**が発表されます。噴火発生から1時間以内に予想される、降灰量分布や小さな噴石の落下範囲がわかります。さらに噴火後20～30分程

度で**「降灰予報（詳細）」**が発表されて、6時間先まで（1時間ごと）の降灰量分布や、降灰開始時刻の予想を見ることができます。

降灰量の情報は、降灰の厚さによって「多量」「やや多量」「少量」の3階級で発表されます。「多量」は外出を控える、「やや多量」はマスク等で防護など、それぞれの階級によって影響やとるべき行動が変わってきますので、降灰量階級表を参考にしてください。

噴火活動が収まるまでは、気象庁が発表する**「火山の状況に関する解説情報（臨時）」**で、現在の噴火警戒レベルや火山の活動状況、防災上の警戒事項などを確認しましょう。

降灰量階級表

降灰量を降灰の厚さにより3階級に区分

名称	表現例			影響ととるべき行動	
	厚さ キーワード	イメージ 路面	イメージ 視界	人	道路
多量	1㎜以上【外出を控える】	完全に覆われる	視界不良となる	外出を控える	運転を控える
やや多量	0.1㎜≦厚さ＜1㎜【注意】	白線が見えにくい	明らかに降っている	マスク等で防護	徐行運転する
少量	0.1㎜未満	うっすら積もる	降っているのがようやくわかる	窓を閉める	フロントガラスの除灰

（気象庁「降灰予報の説明」をもとに作成）

予報精度が高まったことで新しい予報が生まれ活用する企業が現れた

予報の精度が高まったことを受けて、気象庁は2017年から**「早期注意情報（警報級の可能性）」**の発表を始めました。この情報は、**警報級の現象が5日先までに予想されているときに、「高」「中」の2段階で発表**しています。

警報級の現象が発生すると人命に関わる災害が起こる可能性が高いため、可能性が高いことを表す「高」と、可能性が高くはないが一定程度認められることを表す「中」を発表しています。災害への心構えを高める必要があることを示す警戒レベル1の情報です。

2日先から5日先までの「早期注意情報（警報級の可能性）」は、台風・低気圧・前線などの大規模な現象に伴う大雨などが主な対象。翌日までの期間の「早期注意情報（警報級の可能性）」は、積乱雲や線状降水帯などの小規模な現象に伴う大雨などや、台風・低気圧・前線などの大規模な現象に伴う大雨などまでが対象です。

このように確度の高い情報が気象庁から発表されるようになって、企業の対応も変わってきました。その**代表例が「計画運休」**です。

日本民営鉄道協会（民鉄協）では計画運休を「台風などで激しい風雨などが予想される際に、

長時間にわたって駅間停車や途中駅で運転取り止めとなる可能性がある場合に、乗客の安全確保などの観点から、広範囲にわたる路線において、すべての列車の運転を長時間にわたって運転休止することを前広に計画し、情報提供した上で運休するもの」と説明しています。

これまで鉄道の運休は、自然災害などによって通常運行ができなくなったとき、つまり事後に行われるものでした。しかし、**予報の精度が高まり、台風の進路や規模などを正確に予想できるようになったことで、自然災害による混乱を未然に防ぐために「計画運休」が生まれました。**

民鉄協によると、「計画運休が初めて注目されたのは、2014年の台風14号の接近に伴って行われたJR西日本の事例」だそう。最近でも2023年8月の台風7号では東海道新幹線などが計画運休。9月の台風13号ではJR東日本の関東エリアの一部路線などが計画運休しました。

事前に運休がわかっていたので、駅の大混乱は避けられました。2024年2月の関東の大雪では首都高で全面通行止めを実施。危険を避けると同時に、復旧を早めるためにも計画運休は行われています。

もう1つ身近な例を挙げましょう。2020年から**不動産取引のときに、水害ハザードマップにおける対象物件の所在地の説明が義務化**されました。このように社会のシステムとして災害を減らす取り組みが進められています。

災害に対する危機意識を持つことが大事
家族で「マイ・タイムライン」をつくろう

昔と比べると、台風や大雨によって亡くなる人の数は明らかに減っています。これは**堤防や防潮堤、排水処理能力の向上などの対策が進み、災害が起こりにくくなっている**ことが大きな理由の1つです。国土交通省は、堤防の高さの30倍の区域の土地の高さを盛り上げて、堤防が洪水や地震の液状化現象によっても壊れない「スーパー堤防（高規格堤防）」の整備を進めています。東京都では、豪雨時の浸水被害を防ぐため、杉並区に地下トンネル（地下調節池）を2030年代に完成させる計画です。

このようなハード対策は、私たち自身は何もしなくても災害から守ってくれる効果がありますが、**自分で自分の身を守る意識が薄れてしまうと、想定を超える台風や大雨になったときに大きな被害が出てしまう**おそれがあります。

私たちはもう一度、気象災害に向き合い、家族で対応を話し合い決めておく必要があります。5段階の警戒レベルなどのソフト対策は、情報が発表されるだけでは効果がありません。**利用する側が情報の読み方を理解し、適切な判断をして避難をする**ことによって初めて効果が発揮されるものです。

それぞれの家族構成や生活環境に合わせたタイムライン（防災行動計画）である**「マイ・タイムライン」**をつくりましょう。避難する場所はどこか、どの情報で避難するのかを事前に決めて、自身や家族のとるべき行動について**「いつ」「誰が」「何をするのか」をあらかじめ時系列で整理する**ことによって、慌てず安全に避難行動をとることができます。マイ・タイムライン作成のポイントは、

・知る＝洪水ハザードマップなどから住んでいる場所の水害リスクや防災情報を入手して知ること
・気づく＝避難行動に向けた課題に気づくこと
・考える＝どのように行動するかを考えること

マイ・タイムラインはスマートフォンアプリでも作成できます。

家族で避難行動を決めておく

持ち出すものを確認しよう
無事をスマホで確認し合おう
おばあちゃんの家に集合

定期的に話し合っておくことが
家族の身を守ることにつながる

CHAPTER 4 IKEGAMI'S EYE

池上は、こう読んだ

最近は気象災害も頻繁に起こります。それに備えて出される「防災気象情報」も、細かく分かれています。気象庁と各市町村が出す情報に違いがあるのは困りものではありますが、全国レベルで情報を出す気象庁には限界があります。**その土地を知っている地元市町村だからこそ、キメの細かい情報が出せるのです。**

最近の夏の暑さは「災害級」と表現されるレベル。そこで「熱中症警戒アラート」より上の「熱中症特別警戒アラート」という用語も生まれました。**暑さとともに警戒の用語もランクアップというか、ヒートアップしています。**昔は「日射病」という用語が使われましたが、日向にいなくても命の危険があるというので「熱中症」という言葉が生まれたのです。

この本は気象学についてなのですが、気象庁は地震や火山活動に関しても観測をしています。そこで、地震についての注意事項も斉田さんが解説しています。「長周期地震動」の階級も発表されるようになりました。南海トラフ地震という用語も出てきます。**日頃から、これらがどういうものかを知ることで、いざというときにパニックにならずに済みます。**

CHAPTER 5

変わる未来
予報で
気象情報の広がりから

精度が飛躍的に向上した天気予報は
企業の経済活動にも役立っています。
そして予報の範囲は宇宙にまで拡大。
天気予報の最前線に迫ります。

— METEOROLOGY —

冬から夏へ向かう季節は気温が10℃を超えると冷やし中華が売れる

気象庁は、「2週間気温予報」や「早期天候情報」など1週間よりも先の予測を利用して、さまざまな**産業分野における猛暑や寒波などの悪い影響を軽減したり、よい影響を利用したりする「気候リスク管理」技術の普及**を進めていることを知っていましたか？

この一環として、2016年に「スーパーマーケット及びコンビニエンスストア分野における気候リスク評価に関する調査報告書」が公表されました。食品を中心とした多くの商品を扱う小売店における販売データを用いて、平均気温や降水量などの気候が与える影響を地域ごとに調査したものです。

そこには、**東京の平均気温とスーパーマーケットにおける冷やし中華の販売数**の散布図が載っています。気温が上昇していく時期（昇温期2～7月）には、**約10℃を超えると冷やし中華の販売数が多くなり**、気温が下がっていく時期（降温期8～1月）には、**約20℃を下回ると販売数は少なくなること**がわかりました。

また、販売数が急に増え始める気温について、**スーパーマーケットにおけるスポーツドリン**

クの販売量で比較すると、札幌の温度は約10℃でしたが、福岡は約15℃という違いがありました。

このような「基準温度」をあらかじめ把握しておくことで、その気温以上・以下となる予測に応じて販売促進策の実施などの対応を早めにとることができます。

もちろん、気温や降水によって売り上げが左右される商品は、冷やし中華やスポーツドリンクだけではありません。スーパーマーケットやコンビニエンスストアで販売されている多くの品目の販売数と気温・降水の間には関係があること、それには地域差があることもわかっていて、**各商品の仕入れ時期や仕入れ量の調整に利用**されています。

次の項目では企業が連携して気象データを高度利用する取り組みを紹介します。

平均気温と冷やし中華販売数の関係

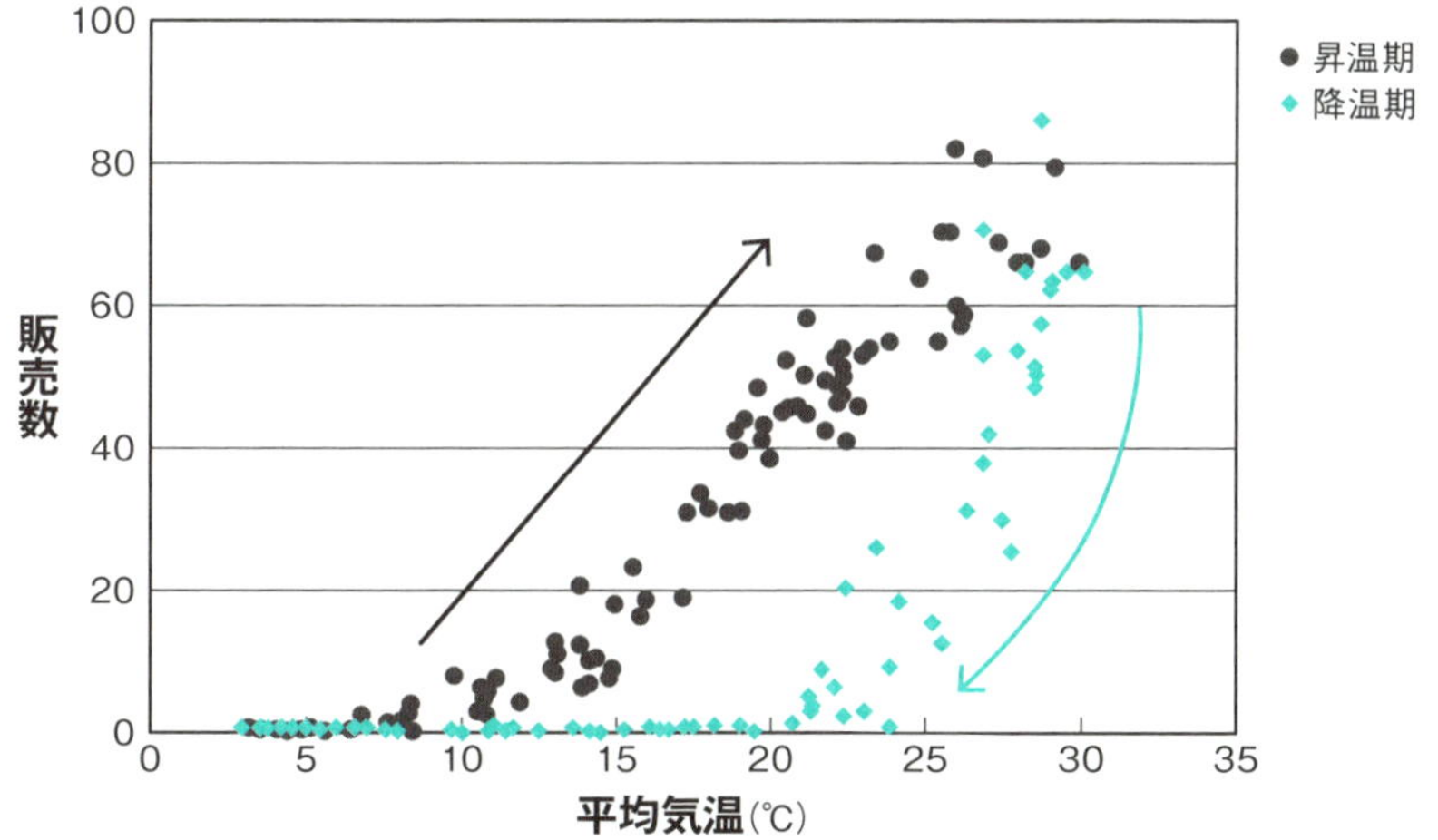

(気象庁「スーパーマーケット及びコンビニエンスストア分野における気候リスク評価に関する調査報告書」をもとに作成)

東京の平均気温とスーパーマーケットにおける冷やし中華の販売数の散布図を見ると、降温期は、約20℃を下回ると販売数は少なくなる

企業同士が連携して気象情報の高度利用が始まった

天気予報を見る多くの皆さんは、天気予報を「明日は雨が降るのか。傘は持っていくほうがいいのか」という日常生活に役立つ情報として活用していると思います。

しかし、**気象予報士の仕事のうち、メディアに出演して天気予報を解説するという仕事はごく一部。気象情報はさまざまな形でビジネスに利用されています。**

今から20年ほど前、私が福岡で働いていた頃は、電力会社に長期的な気温変化の予測を提供したり、高速道路会社に局地的な予測を提供したりしていました。電力会社は気温変化から電力需要を予測して、発電所の稼働計画に役立てていました。高速道路会社は、例えば路面凍結のおそれがあるときは、凍結防止剤の散布などが必要になるので、人員や機材の確保に役立てていました。

気象データは、開発が環境に与える影響を事前に予測・評価をする**「環境アセスメント関連市場」**や、天候の変動による売上高の減少などのリスクを回避するために保険のように利用される**「天候デリバティブ市場」**にも活かされています。

前の項目で冷やし中華やスポーツドリンクの例を紹介しましたが、スーパーマーケットやコンビニエンスストアでは独自の過去データ分析により、猛暑の予想なら冷たい商品を多く仕入れるでしょうし、寒ければ温かい商品を多く発注するでしょう。また、近所で野外イベントが予定されているとき、晴れと雨では弁当の仕入れ量も変わってくるはずです。このように各企業が持つ独自データと気象データを組み合わせて自社のビジネスに役立てることは大切ですが、気象情報会社や企業が連携して社会貢献という高い視点から防災などに役立てることも重要です。

２０１７年、気象庁が事務局となり、「気象ビジネス推進コンソーシアム（ＷＸＢＣ）」が発足しました。「多様な気象データを高度利用し、様々な社会課題の解決や産業創出・活性化を目指す」ことを目的に、産学官が協力して、気象データを扱う高度専門人材の育成や気象データを利活用した新しいビジネスの創出に取り組んでいます。

ＷＸＢＣに参加している企業の例を挙げると、ＮＴＴデータには、ＮＴＴデータグループの気象情報会社ハレックスなどと連携して、さまざまな組織が持つ防災に関する情報を1カ所にまとめて、便利に活用するための基盤「D-Resilio（ディーレジリオ）」があります。ＮＴＴデータでは「D-Resilio」を核としてさまざまな企業などとの連携により、多くの分野の情報を収集し、これまで自治体や企業が個別に集めて整理していた情報を一元化して提供することで、現場の負荷の低減や効率的な意思決定に役立てようとしています。

ビジネスの世界では気象情報の高度利活用が始まっています。

2029年、ひまわり10号によって天気予報の精度は劇的に高まる

この本を手に取っている読者はもちろんですが、天気予報に興味を持つ人が増えたことで、**市民参加型の研究手法「シチズンサイエンス」**が広がりを見せています。市民が地域の気象データを提供して、現象の実態解明と予測精度の改善に役立てられています。

このようなシチズンサイエンスによるデータも大切ですが、日々の天気予報の精度向上に貢献しているのは、各地に設置された観測機器です。**「アメダス（AMeDAS）」「気象レーダー」「気象衛星ひまわり」の3つは天気予報の三種の神器**とも言われています。

天気予報でもよく聞く**「アメダス（AMeDAS）」**は、**「地域気象観測システム」のこと**。1974年11月1日に運用が始まり、現在、降水量は全国の約1300カ所（約17km間隔）で観測されています。このうち約840カ所（約21km間隔）では降水量に加えて、風向・風速、気温、湿度を観測しているほか、雪の多い地方では約330カ所で積雪の深さも観測しています。

「気象レーダー」の歴史は古く、1954年に運用が開始し、現在、全国に20カ所設置されています。アンテナを回転させながら電波（マイクロ波）を発射し、**戻ってくるまでの時間から雨や雪までの距離、戻ってきた電波の強さから雨や雪の強さを観測**しています。また、戻っ

Saita's memo

シチズンサイエンス　一般市民が専門家と協力して科学研究に参加すること。例）#関東雪結晶 プロジェクト、#オーロラシチズン

気象観測のイメージ

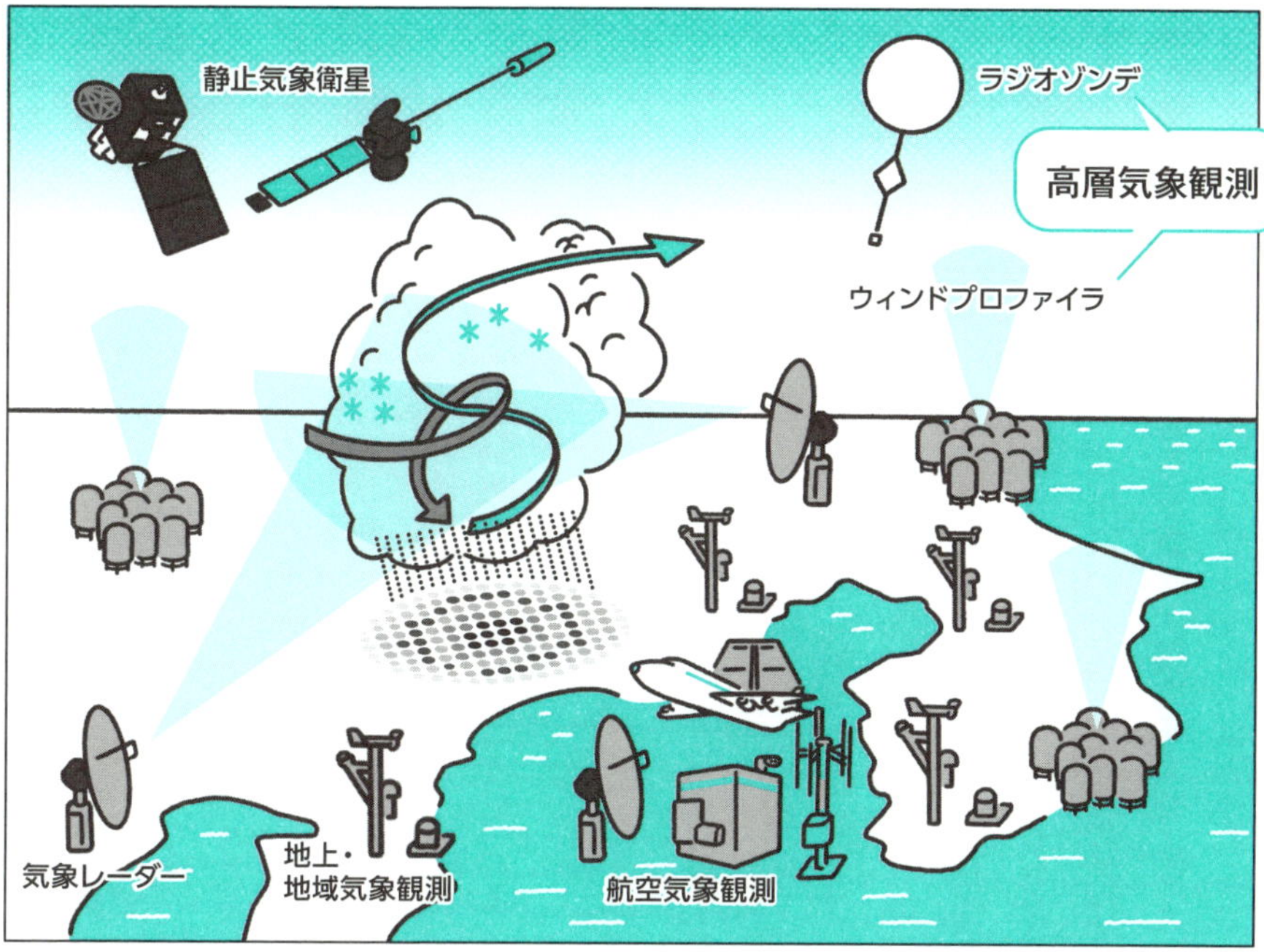

（気象庁「気象観測について」をもとに作成）

気象庁は、さまざまな観測機器を用いて気象の観測を行っている。
全国約1300カ所に配置した地域気象観測システム（アメダス）、
気象台による目視観測（東京・大阪のみ）、
降水の分布とその強さの観測や積乱雲の監視の気象レーダー、
温度計や湿度計などを吊り下げた気球・ラジオゾンデ、
地上から上空に向けて発射した電波によって
上空の風向・風速を測定するウィンドプロファイラ、
静止気象衛星（ひまわり）、航空気象観測などがあるてきた電波の周波数のずれ（ドップラー効果）から雨や雪の動きを観測して、「竜巻注意情報」の発表などに利用されています。さらに、2020年から「二重偏波気象ドップラーレーダー」の導入が進められています。水平方向と垂直方向に振動する電波を用いることで、雲の中の降水粒子（雨や雹など）の判別や降水の強さをより正確に推定することが可能になりました。

もう1つ、天気予報に登場するのが、**「気象衛星ひまわり」。上空約3万5800㎞の宇宙に静止して、雲の形や明るさ、雲や海・陸の温度、大気中の水蒸気の量などを観測**しています。これによって、台風や低気圧、前線などの気象現象を連続して観測することができます。特に洋上の監視・予測は唯一の手段。世界気象機関（WMO）における世界的な観測網の一翼を担うなど国際貢献も果たしています。

ひまわり1号は1977年に打ち上げられました。現在のひまわり9号は2022年12月、ひまわり8号から役割を引き継ぎました。バトンタッチしてからは9号がメイン、8号がバックアップになり、2機による安定した観測体制が維持されています。

そして今、ひまわり10号の打ち上げが計画されています。8号・9号は2029年度までに設計上の寿命を迎えるためです。10号は線状降水帯や台風などの予測精度を向上させるため、**大気中の水蒸気など3次元情報を得られる「赤外サウンダ」と呼ばれるセンサーを初めて搭載する予定**です。気象庁では、この最新技術によって**「市町村単位で危険度の把握が可能な危険度分布形式の情報を半日前から提供」し、「3日先の台風進路予測精度を大幅に向上」**するとしています。ひまわり10号には「地球の天気」だけでなく、「宇宙の天気」を観測するセンサーも搭載する計画です。

ひまわり10号の整備に2023年度から着手

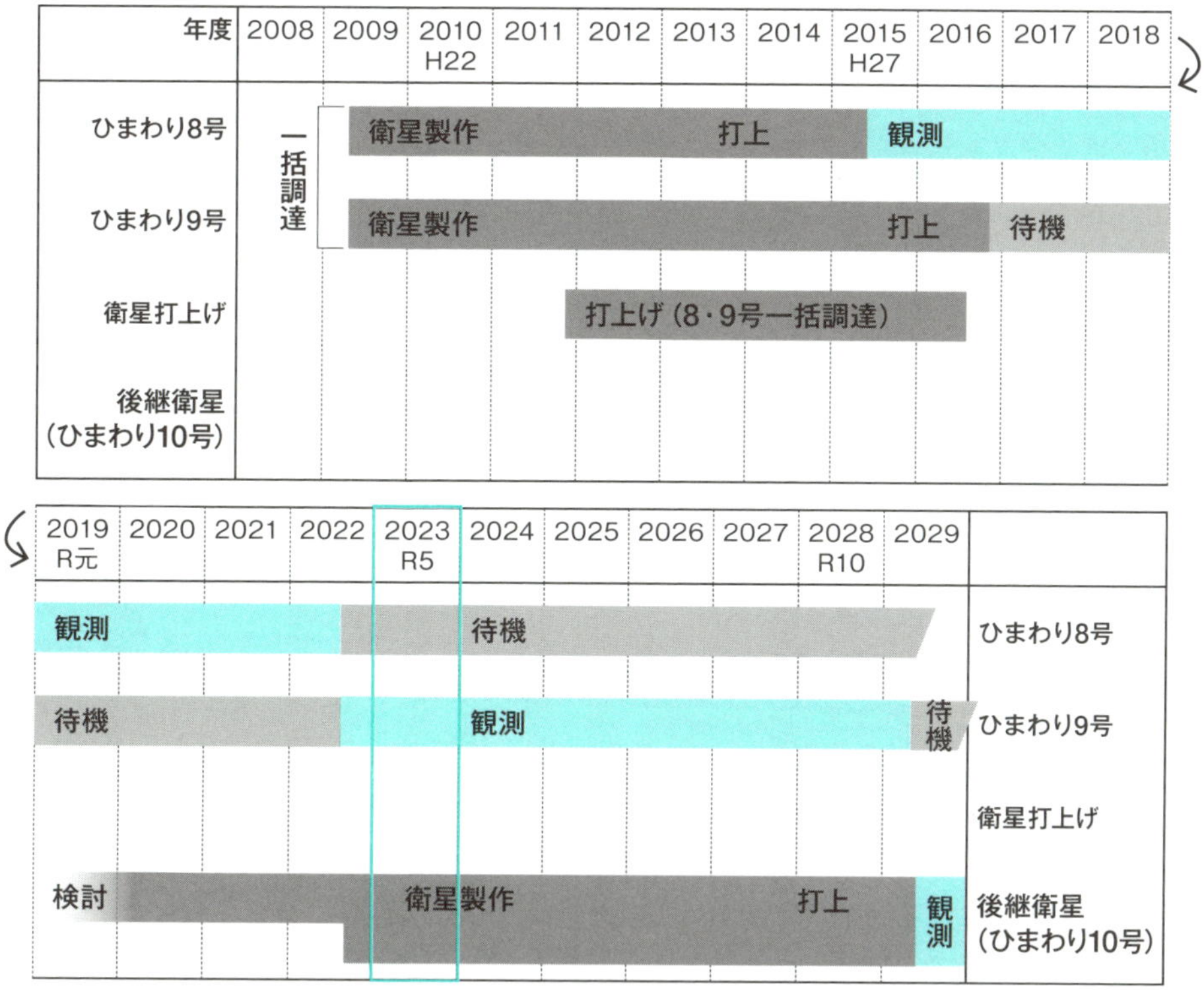

（気象庁「線状降水帯等の予測精度向上に向けて、ひまわり10号の着実な整備を～次期静止気象衛星（ひまわり10号）の整備・運用のあり方に関する提言～「静止気象衛星に関する懇談会」（令和元年度～）とりまとめ概要」をもとに作成）

ひまわり8号、9号は2029年度までに設計上の寿命を迎えるため、2023年度に次期静止気象衛星ひまわり10号の整備に着手。2028年度に10号を打ち上げ、29年度からの運用を目指す

スマートフォンが使えなくなる？
宇宙天気が私たちの生活に与える影響

「宇宙天気」「宇宙天気予報」という言葉を聞くようになりました。宇宙天気といっても、宇宙に雨や雪が降ったり、台風や竜巻が発生したりするわけではありませんが、**地球をとりまく宇宙空間で起きる現象が、私たちの生活に大きな影響を与えることがわかってきた**のです。

その現象の主な発生源が「太陽」です。太陽は地上に日差しや温もりを与えてくれる存在ですが、太陽表面では「太陽フレア」と呼ばれる爆発現象が頻繁に起きています。**大規模な太陽フレアが発生すると、通信・放送・測位、衛星運用、航空運用、電力網などの社会インフラに異常を発生させる**ことがあるのです。

例えば、2001年に日本のX線天文衛星あすかが姿勢制御不能となって運用終了、2022年にはスペースX社が打ち上げたスターリンク衛星40機が運用高度まで到達できずに消失する原因となりました。影響は宇宙だけでなく、地上にも及びます。1989年にカナダのケベック州で約600万人に影響する大規模な停電が発生し、9時間も続きました。アメリカでは2012年に民間航空機が影響を避けるために飛行ルートを変更、2017年には電波障害によってハリケーンの災害対応に支障が出ました。日本においても、1994年にNHKの衛星放送でリレハンメル冬季五輪のスキージャンプ中継が突如中断し、2019年にはGPSの測

宇宙天気が身近な社会へ及ぼす影響

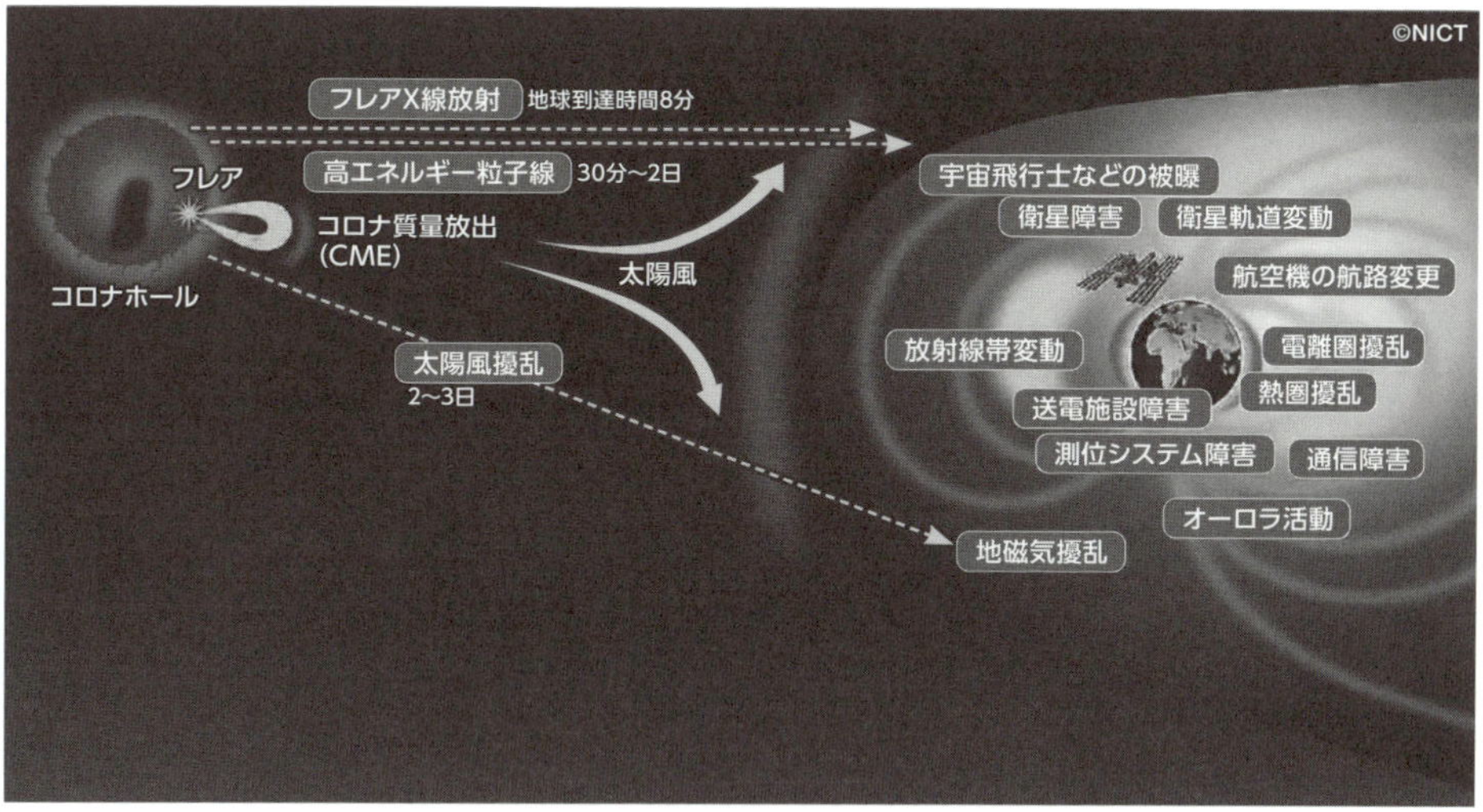

（情報通信研究機構（NICT）「宇宙天気とは」をもとに作成）

宇宙天気擾乱の発生から、身近な社会へ影響するさまざまな事象がある位誤差が通常時の約3倍になるなど、影響が確認されています。

このような状況を踏まえて、国連防災機関（ＵＮＤＲＲ）が宇宙天気の４つの現象「地磁気嵐」、「電離圏嵐」、「太陽フレアによる電波障害」、「太陽嵐」について、台風や地震と同じようにハザード（危害要因）と位置付けました。２０２２年には、**総務省の主導で「宇宙天気予報の高度化の在り方に関する検討会」**が開かれ、報告書がまとめられています。私も防災気象情報を伝える立場として、この検討会に参加しました。

この報告書では、１００年に1回またはそれ以下の頻度で発生する**「極端な宇宙天気現象がもたらす最悪シナリオ」**が策定されました。

・通信・放送が2週間断続的に途絶し、社会経済が混乱。携帯電話も一部でサービス停止
・衛星測位の精度に最大数十ｍの誤差（ずれ）が発生。ドローンなどの衝突事故が発生
・多くの衛星に障害が発生。そのうち相当数の衛星が喪失。衛星を用いたサービスが停止
・航空機や船舶は世界的に運航見合わせが発生。運航スケジュールや計画に大幅な乱れ
・耐性のない電力インフラにおいて広域停電が発生

など、甚大な被害をもたらすおそれがあることが判明し、宇宙天気現象を現実のリスクとして捉え、国家全体としての危機管理の必要性が示されました。ほかの自然災害と同様に、**社会インフラの脆弱性を低減してリスク（被害）を最小化するハード対策と、予報の精度向上や伝達方法の改善などのソフト対策の両面を進める必要**があります。

Saita's memo

宇宙天気予報士「宇宙天気予報の高度化の在り方に関する検討会報告書」に、民間の資格制度を創設する必要性が示された。

宇宙天気現象に関して定義された4種類のハザード

ハザード	定義	もたらされる被害例
地磁気嵐 (Geomagnetic Storm)	太陽嵐によって引き起こされる地球磁場の乱れ。宇宙天気現象による高エネルギー粒子、太陽フレア、無線障害を含む	地磁気誘導電流（GIC）による送電網への影響
電離圏嵐 (Ionospheric Storms)	太陽フレア等によって高度160km以上の電離圏（F領域）で発生する乱れ	通信、航行、宇宙物体のレーダー追跡などに使われる電波の伝搬に影響。短波帯通信の途絶
太陽フレアによる電波障害 (Radio Blackout)	太陽フレアによる短波帯での無線通信のフェージングまたはフェードアウト	短波帯通信に用いられる電波の途絶
太陽嵐（太陽プロトン現象） (Solar Storm)	太陽から地球近傍への大量の荷電粒子の到達	人工衛星の電子回路の損傷、生物のDNAの損傷、短波帯通信の途絶、極域の航空機運航への影響

出典：HAZARD INFORMATION PROFILES
（総務省「宇宙天気予報の高度化の在り方に関する検討会（第10回）宇宙天気予報の高度化の在り方に関する検討会報告書（修正反映版）」をもとに作成）

4種類の地球外ハザードは、
人命の損失、健康への影響、財産の損害、社会的・経済的混乱などを
引き起こすおそれがある

自然災害の備えと心構えが宇宙天気災害にも役立つ

私たちは宇宙天気がもたらす災害に対して、どのような備えをすればよいでしょうか？災害の原因となる太陽フレアが発生すると、3つの現象が段階的に地球に到達するため、社会への影響も順を追って現れることになります。

第1段階として、太陽フレアの発生に伴う紫外線やX線などの電磁波が光速でやってきます。観測したときには地球の昼側にある電離層に乱れが発生し、短波通信を使った一部のラジオ放送や船舶・航空機通信などに支障が出たり、GPSなどの衛星測位に誤差が生じたりすることがあります。

第2段階として、太陽フレアの発生後、30分〜2日程度で、高エネルギー粒子が地球に到達することがあります。人工衛星の誤作動や宇宙飛行士の被ばくを引き起こすおそれがあり、大気圏内においても航空機乗員の被ばく量が増大する危険性があります。

第3段階として、コロナ質量放出（CME）と呼ばれる電気を帯びたガス（プラズマ）が宇宙空間に飛び出すことがありますが、このCMEが地球の方向へ飛んでくると、2〜3日後に到達します。CMEによって磁気嵐が起こると、大規模なオーロラが発生したり、人工衛星が電気を帯びて悪影響が生じることがあります。

また、上空の大気の温度や密度が高まることで、人工衛星の姿勢が崩れたり、大気圏への再

Saita's memo

プラズマ　固体、液体、気体と並ぶ物質の第4の状態。正および負の電気を帯びた多数の粒子から成り、電気を通しやすい。

突入を引き起こすことがあります。通信や放送も影響を受け、GPSの誤差が拡大する原因になります。さらに、上空からのエネルギーが地表に伝わることで、地磁気誘導電流（GIC＝Geomagnetically Induced Current）が発生し、送電網などに大規模な電流が流れてさまざまな影響を及ぼすことがあります。

私たちの生活に大きな影響を与えるのは、主に第3段階であるため、早い段階で情報をつかんで対策をすることが大切です。また、影響の多くは、ほかの自然災害でも起こることですが、**宇宙天気で発生する特有な状況**を知っておく必要があります。

まず、**晴天時でも社会インフラが不調をきたし、五感でその状況がつかみづらい**ことが挙げられます。自然災害では大雨が降る、地震で揺れるなどの変化があるため、私たちは異変に気付きますが、宇宙天気による災害は理由がわからずにパニックを引き起こすおそれがあります。**被害の発生は1～2週間など比較的長期間で、被災地域も広大となり、最悪は全国規模**になるおそれがあり、被災していない地域から支援を集中させることが難しくなることが考えられます。特にスマートフォンのような電子機器が使えないことを想定しておくこと、ほかの自然災害との複合災害（台風の接近中に宇宙天気の災害が起こるなど）も想定しておくべきでしょう。正しい情報が得られなくなるので、流言・デマに惑わされやすくなる心配もあります。

ただ、必要以上におそれることもありません。備蓄や停電対策などはほかの自然災害への対応で間に合う部分が多いですし、この本で学んだ災害への心構えは、宇宙天気の災害でも役立つはずです。事前に備えて、情報を活用することが大切です。

宇宙天気予報は国立研究開発法人情報通信研究機構（ＮＩＣＴ）が24時間３６５日の体制で太陽活動や電離圏・磁気圏を観測・分析し、情報を発信しています。これまでは太陽フレアや電離圏嵐など宇宙天気の物理現象の規模を予報するものでしたが、情報の意味がわかりやすいように社会インフラのリスクに着目した予報の開発が進められています。

太陽の表面に黒点の数が増えると、太陽活動は活発になりますが、その周期は約11年で２０２５年頃が今回のピークと言われています。これに間に合わせるように、通信・放送（ＨＦ帯）、宇宙システム運用（衛星）、航空機人体被ばくについて、平常・注意・警報の３段階で警戒状況を伝える警報配信システムが開始される予定です。

宇宙天気は「文明進化型の災害」と言われています。近い将来、車の自動運転やドローンによる配送など高精度衛星測位システム（ＧＮＳＳ）の利用が増加すれば、地球上で大きな事故を引き起こすおそれがありますし、人工衛星を利用したビジネスが進めば、宇宙天気のリスクは高まることになります。

また、誰もが宇宙旅行に行けるようになるためには、放射線による被ばくの対策が極めて重要です。

次の太陽活動のピークは２０３６年頃、人類が月への進出を本格化する予定の頃と重なりますが、その未来を実現するためには、宇宙天気予報の発展と普及が必須の条件となるでしょう。

宇宙天気予報の画面

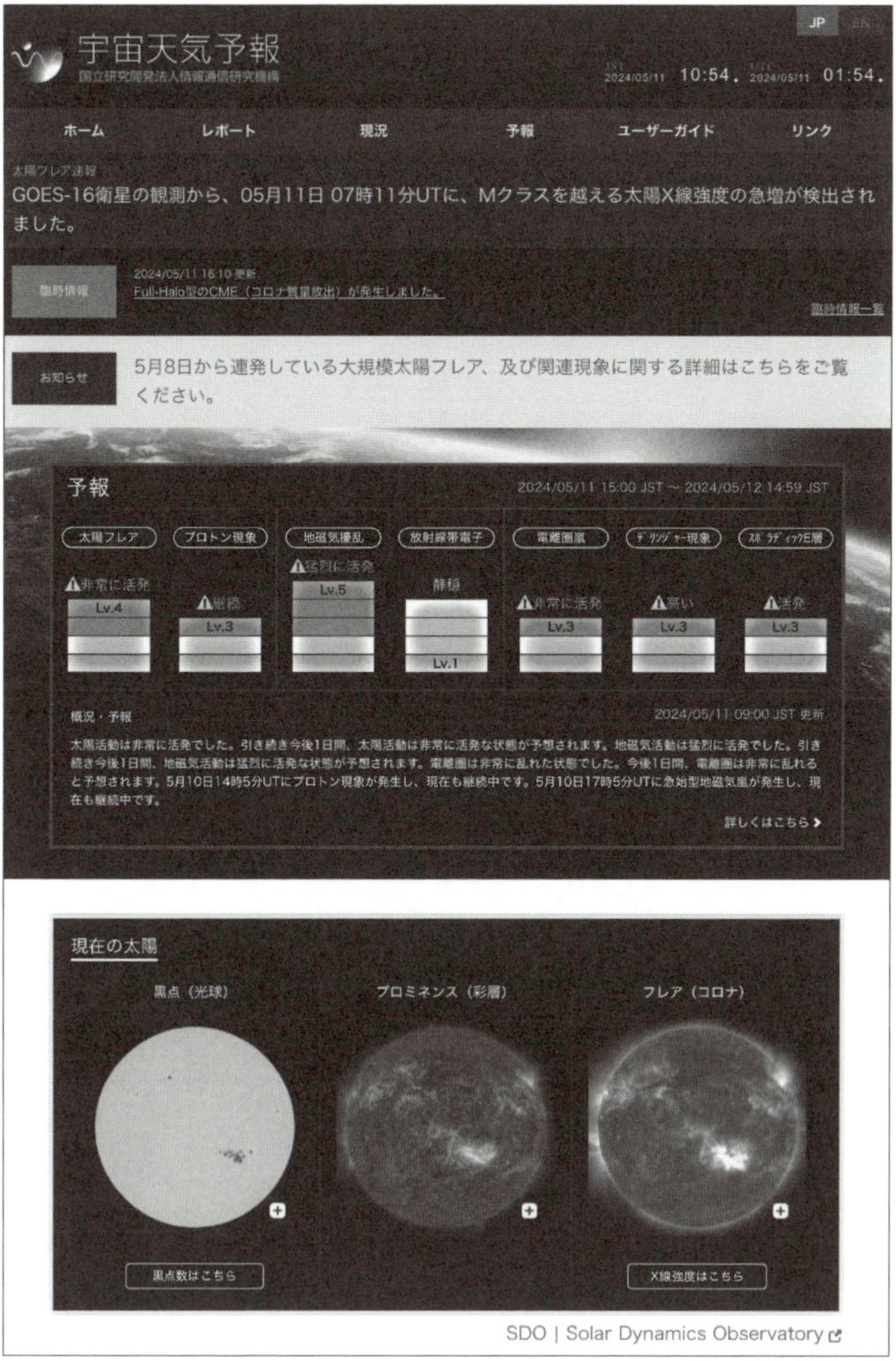

（情報通信研究機構（NICT）「宇宙天気予報」をもとに作成）

大規模な太陽フレア・CME（コロナ質量放出）の影響で、2024年5月11日夜は日本の各地でオーロラが観測された

AIで天気予報の精度が向上 気象予報士の仕事はなくなる?

2024年のノーベル物理学賞は、アメリカのプリンストン大学のジョン・ホップフィールド名誉教授とカナダのトロント大学のジェフリー・ヒントン名誉教授の2人が受賞しました。受賞の理由は、近年の技術革新の中心にある「機械学習」に基づいたAI(人工知能)の礎となる手法を開発したことです。

AIを使った対話型のコンピュータープログラムや画像の生成が普及し、仕事の進め方が大きく変わった人も多いと思います。実は、私もこの本を書きながら必要に応じて使っています。

意外に思われるかもしれませんが、**天気予報には半世紀ほど前からAIの技術が取り入れられています**。天気予報は、観測データを基に数値予報モデル(19ページ参照)を使って、未来の気象状況を予測していますが、気温や風、湿度、気圧などの数値データの集まりなので、扱いやすいように翻訳する必要があります。ここにAIが用いられています。

AI手法の1つである「ニューラルネットワーク」などを使って、天気や最高・最低気温、降水確率、最小湿度などの予報を直接示す予測資料「ガイダンス」に翻訳されます。これは人間が決めた特徴からコンピューターが繰り返し学習するもので、数値予報モデルのクセなどを

AI・機械学習・深層学習の関係

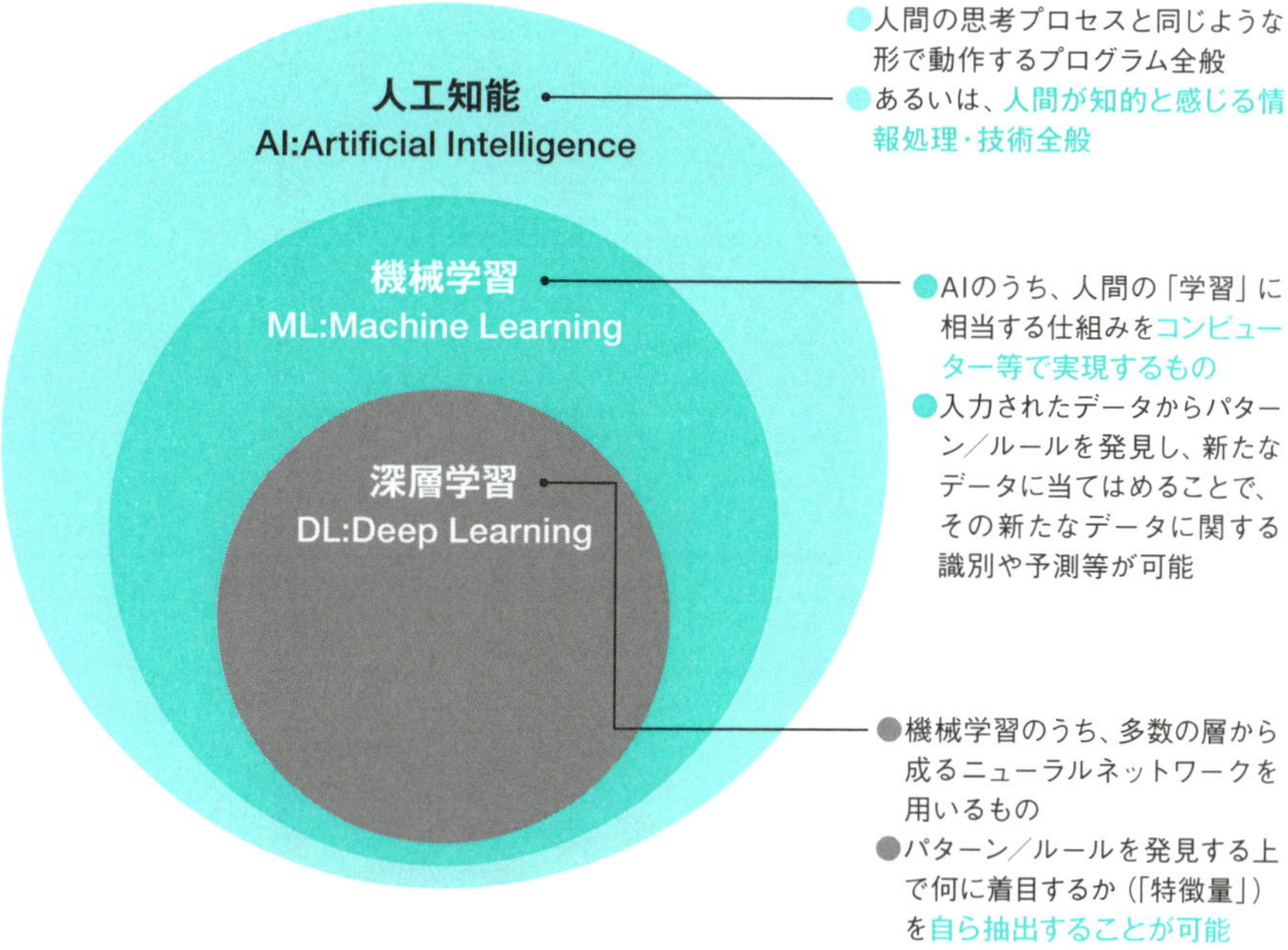

（総務省「令和元年版情報通信白書 第1章第3節ICTの新たな潮流」をもとに作成）

天気予報には半世紀ほど前からAI技術が取り入れられている。近年は「深層学習」を使った取り組みが進められている

修正して予測精度を高めてくれています。

近年はさらに発展して「深層学習（ディープラーニング）」を使った取り組みが進められています。大量のデータからコンピューターが自ら特徴を見つけて、データ処理を行うことによって、**これまで苦手とされていた極端な大雨や猛暑など頻度が少ない現象についても予測精度が高まっていて実用化が始まっています。**

今のところ、ＡＩに全てを任せるのではなく、**人が手を加えることで天気予報の精度は高い水準に保たれていますが、近い将来にはその必要もなくなるかもしれません。**予測精度の向上だけでなく、大幅な計算時間の短縮によって、まったく新しい形の天気予報を生み出す可能性を秘めています。

それでも、気象予報士の仕事はなくならないと思っています。私がＮＨＫ連続テレビ小説「おかえりモネ」で気象考証を担当したように、気象の科学をわかりやすく一般に伝えるという役割も担っています。そもそも**天気は変えることができませんが、天気予報は人の行動を変えることができる存在**です。「いつ」「どこで」「どんな」情報が必要なのか、未来を見据えた情報の発信が、これまで以上に求められることになるでしょう。

IKEGAMI'S EYE

池上は、こう読んだ

天気予報はビジネスにも役立つようになりました。スーパーやコンビニでは、翌日の天気予報を見て翌日の仕入れを決めます。このとき面白いのは、冷やし中華の売れ行きは、気温が少し上がると売れ始める一方、いったん上がると、気温がだいぶ下がらないと売れ行きが落ちないという傾向があることです。**人間の体感や感覚が、この違いを生んでいるのですね。**

斉田さんの夢は「宇宙天気予報」を現実のものにしたいというものだそうです。地球をとりまく宇宙空間で起きる現象が私たちの生活に大きな影響を与えることがわかってきたので、正確な予報を出せるようにすることで、暮らしを守ろうというわけです。**これから人間が月に住み、火星に行けるようになれば、宇宙天気予報は、一層身近なものになることでしょう。**

AIによる天気予報の精度が上がると、気象予報士の仕事はなくなるのでしょうか。いーえ、なくなることはないですね。AIの予報が外れたら、代わって弁解したり謝罪したりする必要があるからです。というのは悪い冗談です。**AIがいくら進歩しても、私たち人間にとっての天気がどれだけ大切で感性に訴えてくるものなのかは理解できない**からです。

おわりに

私が気象キャスターになって間もなく20年。この間に日本の天気は劇的に変わりました。四季の移り変わりが以前とは異なり、夏の猛暑は厳しさを増しています。各地で過去に経験がない量の大雨となり、川の氾濫や土砂崩れなどの災害が発生しやすくなっています。その一方で、さまざまな気象や防災に関する新たな情報が増えて、対策がとられてきました。人々の生活スタイルも変化しています。

現在の子どもたちは暑すぎる日はプールが休みになるのが当たり前で、休み時間に外で遊ぶことも制限されています。熱中症警戒アラートなど熱中症を防ぐための情報が普及した結果です。私は8年ほど前から暑さ対策で日傘を利用していますが、今年の夏は日傘をさす男性を多く見かけました。小型のファンが衣服に取り付けられた空調服も作業現場では当たり前になっています。

台風や大雪などの悪天候が予測される際には、鉄道や航空各社が事前に運行を停止する「計画運休」が普及したことで、自然災害による事故やトラブルを未然に防ぎ、利用者は事前に代替手段を計画しやすくなりました。運転再開後の混雑や遅延、気象予測の精度向上など改善すべき点はありますが、社会システムとして災害の被害を減らす取り組みはますます重要になるでしょう。

この本では、日々の生活を快適に安全に過ごすために役立つ気象や防災の情報を可能な限り詰め込みました。気象や防災の情報は、毎年のように追加や更新が行われるため、最新の情報を記すことは、すぐに古い情報になることを意味します。しかし、今ある情報を最大限に活かすことが重要であり、その根底となる「気象情報の使い方」を身に付けるきっかけに、この本がなることを願っています。情報を得て的確に行動すれば、日々の生活はよりよいものになります。

私が気象考証を担当したＮＨＫ連続テレビ小説「おかえりモネ」第70回で、

「気象情報は、未来をよくするためにある」

という台詞が出てきます。地球温暖化の問題や宇宙天気災害もそうですが、どんな未来を選択するのか、そのために今からどんな情報や取り組みが必要なのか、気象情報は変わり続けていくものだと思っています。

この本の出版にあたり、編集担当の藤原民江さん、ライターの山本信幸さんにはたいへんお世話になりました。また、池上彰さんとの編集会議を通して、本の執筆のみならず、私の気象予報士としての役割を再認識するよい機会となりました。この場を借りて、心より感謝申し上げます。

２０２４年10月

斉田季実治

まとめ

いつもテレビで天気予報をやさしく伝えてくれる斉田季実治さんの解説はいかがだったでしょうか。最初の編集会議のとき、天気予報が大好きな私は、本の内容や性格について論じるよりも、天気の移り変わりの面白さの話に夢中になってしまいました。

この本の中に斉田さん自身が書いていますが、テレビの天気予報を伝える気象予報士の人たちの仕事は、テレビに出演している数分間で終わるわけではありません。「きょうは何を伝えようか」と、ずっと考えているのです。季節の柔らかい話から始めようとネタを仕入れておいたら、台風が接近してきたので、慌てて内容を差し替えるというのは日常茶飯事なのです。それが、視聴者にはわかってもらえないのですね。

私はNHK社会部で「気象災害班」というプロジェクトでリーダーを務めていたことがあります。普段から気象庁に顔を出したり、あるいは東京大学の地震研究所の学者に会ったりしてきました。気象庁内の書店は、気象や地震、火山に関する専門書が並び、時間を忘れて本を探していました。

科学者で随筆家の寺田寅彦による有名な言葉に「天災は忘れたころにやって来る」というものがあります。日頃から防災対策を充実させておけば問題ないけれど、対策がおろそかになると、思いもよらない災害に見舞われることがある。だから常に災害に備えよう。そういう意味の言葉です。災害は、まさに私たちの備えの盲点を突いてくるのです。

だからこそ、あらゆることに備えよう。斉田さんの思いが詰まった一冊になりました。

この本のシリーズは、「明日の自信になる教養」です。単に物知りになる「教養」ではなく、自信を持って生きていけるための教養を読者に深めてもらおうと企画されました。読んでみたら、「なんだ、気象って、そういうことだったのか！」という自信がついたはずです。

本文で天気予報が当たる確率を「適中率」と表現しています。一般の「的中率」の文字を使わないのは、気象の世界の用法です。気象の世界は独特ですね。

これから日本と世界の気象はどうなるのか。私たちは、異常気象と災害に直面しながら、どう生きていけばいいのかをきっと考える上で糧になるはずです。この本から始めて、自分の頭で気象を見て知る人になってください。

２０２４年10月

池上彰

https://www.jma.go.jp/jma/kishou/know/yohokaisetu/senjoukousuitai_ooame.html (P107)
https://www.data.jma.go.jp/cpdinfo/monitor/index.html (P109)
https://www.data.jma.go.jp/gmd/cpd/data/elnino/learning/faq/whatiselnino3.html (P111)
https://www.data.jma.go.jp/cpd/data/elnino/learning/tenkou/nihon1.html (P113)
https://www.data.jma.go.jp/env/kosahp/kosa_shindan.html (P117)
https://www.jma.go.jp/jma/kishou/know/bosai/alertlevel.html (P131)
https://www.data.jma.go.jp/fcd/yoho/hibiten/index.html (P141)
https://www.jma.go.jp/jma/kishou/know/typhoon/1-4.html (P143)
https://www.jma.go.jp/jma/kishou/know/yougo_hp/kazehyo.html (P145)
https://www.jma.go.jp/jma/kishou/books/hakusho/2022/index6.html#toc-086 (P157)
https://www.jma.go.jp/jma/kishou/minkan/koushu211209.html (P159)
https://www.jma.go.jp/jma/kishou/know/toppuu/thunder1-1.html (P165)
https://www.jma.go.jp/jma/kishou/know/toppuu/thunder1-1.html (P167)
https://www.jma.go.jp/jma/kishou/know/toppuu/tornado1-1.html (P173)
https://www.jma.go.jp/jma/kishou/know/shindo/index.html (P177)
https://www.data.jma.go.jp/eqev/data/choshuki/index.html (P181)
https://www.data.jma.go.jp/eqev/data/joho/tsunamiinfo.html (P183)
https://www.jma.go.jp/jma/kishou/intro/gyomu/index92.html (P187)
https://www.jma.go.jp/jma/kishou/know/kazan/level_toha/level_toha.htm(P189)
https://www.jma.go.jp/jma/kishou/know/kazan/qvaf/qvaf_guide.html (P191)
https://www.data.jma.go.jp/risk/pos_chousa.html (P199)
https://www.jma.go.jp/jma/kishou/know/kansoku/weather_obs.html (P203)
https://www.jma.go.jp/jma/press/2308/01a/satellite_kondan_himawari10_20230801.html (P205)

● **札幌管区気象台**

https://www.data.jma.go.jp/sapporo/bosai/bosaikyoiku/tenki/t20_iroironakumo.html (P61)

● **環境省**

https://www.env.go.jp/press/press_03083.html (P151)

● **厚生労働省**

https://www.mhlw.go.jp/seisakunitsuite/bunya/kenkou_iryou/kenkou/nettyuu/nettyuu_taisaku/happen.html (P155)

● **国土交通省**

https://disaportal.gsi.go.jp (P7)
https://disaportal.gsi.go.jp (P129)
https://www.mlit.go.jp/river/pamphlet_jirei/suigai_report/index.html (P133)

● **総務省**

https://www.soumu.go.jp/menu_news/s-news/01shoubo01_02000779.html (P149)
https://www.soumu.go.jp/menu_news/s-news/02tsushin05_04000132.html(P209)
https://www.soumu.go.jp/johotsusintokei/whitepaper/ja/r01/pdf/index.html(P215)

● **内閣官房**

https://www.cas.go.jp/jp/seisaku/kafun/dai1/gijisidai.html(P43)

● **内閣府**

https://www.bousai.go.jp/jishin/nankai/rinji (P179)

参考文献・ウェブサイト

- 『美しい日本語の辞典』小学館国語辞典編集部編（小学館）
- 『自然がもっと身近になる！ 天気予報の大研究 役割・しくみから用語・天気図まで』 一般財団法人 日本気象協会監修（PHP研究所）
- 『新・いのちを守る気象情報』斉田季実治（NHK出版）
- 『新版　角川季寄せ』角川書店編（KADOKAWA）
- 『空を見上げてわかること 身近だけど知らない気象予報士』斉田季実治（PHP研究所）
- 『知識ゼロからの異常気象入門』斉田季実治（幻冬舎）

- S.Tamaoki, K.Saita, et al. 『Space weather casters and space weather interpreters confronting space weather hazard.』 Journal of Space Safety Engineering 9.3 (2022): 390-396.
- 斉田季実治ら,『文明進化型の「宇宙天気災害」に備える〜宇宙天気防災をリードする人材の役割と育成〜』,日本災害情報学会第27回学会大会予稿集（2023）：71-72

- 気象庁

ホームページ　https://www.jma.go.jp/jma/index.html
https://www.jma.go.jp/jma/kishou/know/yougo_hp/kugiri.html (P15)
https://www.jma.go.jp/jma/kishou/know/kurashi/bunpu.html (P17)
https://www.jma.go.jp/jma/kishou/books/hakusho/2021/index.html (P19)
https://www.jma.go.jp/bosai/forecast (P21)
https://www.data.jma.go.jp/gmd/cpd/twoweek/?fuk=1 (P23)
https://www.jma.go.jp/jma/kishou/know/kisetsu_riyou/content/index.html (P25)
https://www.data.jma.go.jp/yoho/kensho/yohohyoka_top.html (P27)
https://www.data.jma.go.jp/fcd/yoho/hibiten/index.html (P29)
https://www.data.jma.go.jp/fcd/yoho/hibiten/index.html (P33)
https://www.data.jma.go.jp/fcd/yoho/hibiten/index.html (P35)
https://www.data.jma.go.jp/fcd/yoho/hibiten/index.html (P37)
https://www.data.jma.go.jp/fcd/yoho/hibiten/index.html (P39)
https://www.data.jma.go.jp/env/kosahp/4-4kosa.html (P45)
https://www.data.jma.go.jp/sakura/data/index.html (P49)
https://www.data.jma.go.jp/sakura/data/index.html (P51)
https://www.jma.go.jp/jma/kishou/know/yougo_hp/amehyo.html (P63)
https://www.jma.go.jp/jma/kishou/know/kisetsu_riyou/explain/prob_precip.html (P65)
https://www.jma.go.jp/jma/kishou/know/yougo_hp/saibun.html (P67)
https://www.jma.go.jp/jma/kishou/know/kurashi/FSAS_kaisetu.html (P71)
https://www.jma.go.jp/jma/kishou/know/kurashi/FSAS_kaisetu.html (P72)
https://www.jma.go.jp/jma/kishou/intro/gyomu/index2.html (P83)
https://www.data.jma.go.jp/eqev/data/jishin/about_eq.html (P87)
https://www.jma.go.jp/jma/press/2312/01b/tenko230911.html (P97)
https://www.data.jma.go.jp/cpdinfo/temp/an_jpn.html (P101)
https://www.data.jma.go.jp/cpdinfo/extreme/extreme_p.html (P103)
https://www.jma.go.jp/jma/kishou/books/cb_saigai_dvd/index.html (P105)

斉田季実治

KIMIHARU SAITA

1975年生まれ。気象予報士。気象防災アドバイザー。防災士。一級危機管理士。ABLab宇宙天気プロジェクトマネージャ。北海道大学で海洋気象学を専攻し、在学中に気象予報士資格を取得。北海道文化放送の報道記者、民間の気象会社などを経て、2006年からNHKで気象キャスターを務める。現在は「ニュースウオッチ9」に出演。著書多数。

X https://x.com/tenki_saita

池上 彰

AKIRA IKEGAMI

1950年生まれ。ジャーナリスト。慶應義塾大学卒業後、NHK入局。94年から11年間、「週刊こどもニュース」のお父さん役として活躍。独立後は取材執筆活動を続けながら、メディアでニュースをわかりやすく解説し、幅広い人気を得ている。『知らないと恥をかく世界の大問題』シリーズ(小社刊)など著書も多数。

明日《あした》の自信《じしん》になる教養《きょうよう》⑤　池上《いけがみ》 彰《あきら》 責任編集《せきにんへんしゅう》

快適《かいてき》に安全《あんぜん》に暮《く》らす気象学《きしょうがく》

2024年12月20日　初版発行

著者	斉田季実治《さいたきみはる》
責任編集	池上《いけがみ》 彰《あきら》
発行者	山下直久
発行	株式会社KADOKAWA 〒102-8177 東京都千代田区富士見2-13-3 TEL: 0570-002-301(ナビダイヤル)
印刷所	大日本印刷株式会社
製本所	大日本印刷株式会社

Printed in Japan
ISBN 978-4-04-897671-8　C0030